「もう歩けない」からが始まり

自衛隊が教えてくれた
「しんどい日常」を生きぬくコツ

ぱやぱやくん

育鵬社

イラスト　師岡とおる

陸上自衛隊には、
「もう歩けない」からが始まり
という教えがあります。

これは、「もうダメだ」と思ってからが自分との闘いであり、弱気な気持ちを乗り越えなくてはいけないということです。

陸上自衛隊では、行軍をよく行います。行軍は文字通り、車両を使用せずに徒歩のみで移動する手段です。距離は20～40㎞が一般的ですが、空挺団や幹部候補生学校などでは100㎞行軍を行います。

そうした行軍をしていて、いかに辛くとも、なんとかしてその辛さをごまかしながら歩き続けられるかが、本当の訓練の始まりになります。

一方、教官としては、「辛いからやめたい」という「弱音」をいちいち聞いてあげていたら、いつまでたっても任務を達成することができません。

そこで、教官は新隊員にこのように教えます。

「『もう歩けない』からが始まりだ」

不思議なもので、そのように考えると、頭の中で、「やっとスタート地点に着いたんだ」とインプットされて、自分をごまかすことができて、少しは心に余裕ができるようになるのです。

もちろん、それでも「ダメです」という新隊員はいます。そうした隊員に対しては、

教官は、

「**次の電柱まで歩け！**」

と伝えます。そして、次の電柱に着いたら、

「**その次の電柱まで歩け！**」

と伝えます。苦痛が永遠に続くと思うとしんどくなるので、小さな目標を与え、その目標を達成できるように指示するのです。

これは、一流マラソンランナーが限界ギリギリのトレーニングを行うときに用いられる考え方です。かのメキシコオリンピック銀メダリストの君原健二選手も、「私は苦しくなると、よく休みたくなるんです。そのとき、あの街角まで、あの電柱まで、あと100mだけ走ろう。そう自分に言い聞かせて走ります」と言っていました。まるで**電柱は人生のマイルストーン**ですね。このように指示することによって、なんとか歩ききれるようになる隊員もたくさんいます。

結局のところ、自分自身で最後まで両脚を動かさなければ、ゴールは見えないのです。逆に言えば、**両脚を動かし続ければ、いつかはゴールにたどり着く**のです。

もし、人生において、「もうできない」「無理だ」と考えたときは、逃げる前にこう

考えてみてください。

○「できない、辛い」と思ったときが、ようやくスタート地点だと考える。
○小さな目標を多く作り、目の前の電柱をめざして歩くイメージを持つ。
○両脚を動かし続ければ、いつかはゴールにたどり着く。

ネガティブな気持ちに支配されそうなときに、これらの考えが役に立つことがありますので、ぜひ試してみてください。

本書では、このエピソードのように、私が自衛隊で学んだ**「辛いときに役に立ちそうな教え」**を中心にまとめています。

陸上自衛隊では数々の教えを学びましたが、在籍をしていた

ときは、「これが当たり前」と考え、その教えが「良いもの」とは特に思ってはいませんでした。

しかし、自衛隊を退職後、「あの教えはとても素晴らしいものだったな」と心底実感することが数多くあり、その教えを「少しでも一般社会にも広めたい」と考えるようになりました。

そして、入隊しなくても「**陸上自衛隊の知識のエッセンス**」を学べるように書き上げたのが本書です。

良い教えや学びは、「心の底から思ったときに生まれる」と言いますが、本書は私が自衛隊時代に心の底から「しんどい……」「もうだめだ……」と思った経験や、「こ

れは目から鱗だ！」と思った話をベースにまとめています。

自衛隊を退職した身ではありますが、私ができる貢献の一つが、「**まったく興味がない人に自衛隊・国防を理解してもらうこと**」だと思っていますので、自衛隊や国防に対する理解が深まるような話もいくつか書き上げました。

日常生活に役に立つ話だけでなく、笑えるエピソードも織り交ぜていますので、ぜひ最後まで読んでいただければ幸いです。

もくじ

第2章 自衛隊に学ぶサバイバル術

第3章 自衛隊に学ぶ「自己防衛・自己保全」

第1章

「もう歩けない」から始まる陸上自衛隊の訓練

自衛隊は「不条理の筑前煮」

自衛隊への入隊を考えている人たちに、まず知ってもらいたいことは、自衛隊は「**不条理の筑前煮**」みたいなものだということです。この言葉は、私が自衛隊を表現するときに使う比喩ですが、自衛隊は、ありとあらゆる不条理を混ぜて煮た筑前煮のようなものという意味です。

そもそも自衛隊は、任務そのものが不条理です。不条理に侵攻してきた敵軍隊と戦って、よくわからないうちに死んでしまうこともありうる職業です。米作家のヘミングウェイは、戦争について、「君はさしたる理由もなく、犬のように死ぬことになるだろう」と語っていますが、これはまさに事実だと思います。

また、自衛隊生活の日常は、普通に暮らしていたらありえないような不条理の連続です。髪の毛や髭が伸ばせないのは当たり前、営内（自衛隊の寮）で生活し、起床から消灯まで時間が決められ、休日と言えど訓練や残留で外出できないこともよくあります。

高校卒業後すぐに入隊すれば、同年代が大学生活を謳歌したり、フリーターとしてプラプラ遊んでいるときに、陸上自衛官だと真夏の暑い中を行軍（徒歩行進）したり、穴を掘ったりしています。

ところで、「陸上自衛隊は諸外国の軍隊に比べて理不尽な訓練が多く、遅れている」と言う人がいますが、それは誤りです。アメリカ軍は、自衛隊よりはるかに合理的な組織ですが、理不尽で過酷な訓練は存在します。むしろ、陸上自衛隊の方が安全管理が徹底されているので、「洗礼された理不尽さ」と言えるかもしれません。

さらに、自衛隊の使命である任務を果たすために、行動が制限されることも多々あります。たとえば、北朝鮮による弾道ミサイルへの対応、災害派遣、新型感染症への対処、テロ、PKO、鳥インフルエンザなどにより、24時間いつでも即応できる状態を求められることもあります。休日でも外出制限をかけられ、そうなると外へも出られません。駐屯地の売店でアイスを買って、スマホで動画を見て、運動して、昼寝をすれば1日が終わります。

そんな自衛隊ですが、田舎の部隊に配属されると、休みの日でも外出するところは限られています。そうすると、必然的に休日は、朝起きて、筋トレとジョギングをして、同期の隊員と乗り合いタクシーでマクドナルドに行き、マックシェイクを飲んでから、スーパー銭湯のサウナに行き、休憩室で漫画を読んで、駐屯地の目の前に数軒だけある赤提灯で門限ギリギリまで酒を飲み、これで1日が終わることもあります。

そんなときに同級生たちのSNSを見ると、みんなで海や山に出かけたり、サークルで楽しく飲み会をしている画像がアップされたりしていて、「俺はいったい何をしているのだろう……」と必ず思います。

もし、防衛大学校や一般大学から自衛隊へ一般幹部候補生として入隊したとしても、似たような不条理はあります。いや、むしろ一般入隊者よりも重い不条理という荷物を背負い、自衛官生活を歩むので、そこは安心してください（筆者経験談）。

ただ、99%は不条理で構成されている自衛隊にも、**1%の本当にすばらしい瞬間**があります。「**不条理の中できらめく宝石**」です。不条理だらけの自衛隊生活には、実は宝石が散らばっており、一生忘れることのない瞬間も多いのです。**その忘れられない瞬間を味わうだけでも、自衛隊に入隊する価値はある**と思います。

「自分の限界を超えるような訓練終了後に飲んだコーラの味」

「4夜5日の防御訓練の後の風呂とビール」

「田舎の演習場で見た訓練中に飛び交う蛍の光」

「いつも厳しい上級陸曹が見せてくれたやさしさ」

「身体を張ったギャグばかりをする先輩陸曹の面白さ」

などなど、忘れられない思い出が脳裏に焼きつきます。


私は、「**人生が一度しかないなら自衛隊に入る価値はある。二度あるなら、2周目はやめとけ**」とよく入隊希望者に伝えます。もちろん、人生は一度しかありません。

であれば、自衛隊に入る価値はあります。思い出とともにお金も貯まりますしね。

「体力がなくても自衛隊に入隊できますか？」

自衛官募集を担当している広報官は、高校生や大学生、転職を考えている社会人に、

「**体力がなくても大丈夫だよ！**」

と勧誘してきます。

「昔はキツかったけど、今は楽勝だよ！」

「体力は入隊後にレベルに応じてつけられるから安心して！」

などが常套句です。募集難なので、どうしても言葉が甘くなる傾向がありますが、決してウソではありません。

自衛隊は、消防や警察とは異なり、採用時の体力試験がありません。筆記試験と面接の内容が合格基準を満たし、身体測定に受かってしまえば、まったく運動ができなくても入隊が可能です。

そして、入隊後に雨の日も風の日も訓練し、真夏の炎天下でもさんざん走り、匍匐前進をして強くなります。「オエッ！」とえずくのは「平常運転」です。

つまり、自衛隊員は、入隊後に鍛えられて強くなっていくのです。

「体力がなくても大丈夫だよ！」という言葉の真意はこうです。

「（**入隊時は**）**体力がなくても大丈夫だよ！**」

しかし、入隊後、陸曹に上がるときに体力検定があります。体力検定に合格できないと陸曹にはなれません。陸曹になりたければ、結局、体力検定に合格するためにも体力をつける必要があるのです。

「反省」という名の腕立て伏せ

自衛隊に入隊すると、**腕立て伏せ**をする機会が増えます。腕立て伏せは、腕・大胸筋・体幹を鍛えるのに良いトレーニングです。

なぜ、腕立て伏せをする機会が増えるかというと、自衛隊では、日常生活や訓練のペナルティとして腕立て伏せを行うからです。自衛隊では、これを「**反省**」と呼びます。現在は、「『反省』は体罰だ」という風潮が強くなったため、もう行われていないのですが、一昔前の教育隊や防大では、「反省」は生活の一部でした。点呼後や訓練後などに、誰かのミスを指摘され、連帯責任として罪を償うのです。個人で行う「反省」もありますが、基本的に連帯責任です。

「これから反省を実施する！」

と言って腕立て伏せが始まるのが通例です。

新隊員は、30回程度の回数からスタートしますが、「自衛隊は体力がなくても大丈夫だよ！」という広報官の甘い言葉を信じてやってきた新隊員には、なかなかの回数になります。腕立て伏せに苦しんでいる同期がいると、みんなで応援し、ここで同期の団結が深まっていきます。

かつての陸上自衛隊は、

「30回できなくも大丈夫だからね」

というソフトな感じではなく、

「おい！　お前は30回もできないのか！」

と班長に若干詰められる感じで行ったので、楽しさも倍増でした（現在の教育隊や防大は、ここまで厳しくないと聞いているのでご安心ください）。

入隊当初は、「反省」が終わった後、生まれたての子鹿みたいにプルプルすることも多いですが、徐々に慣れていって強くなります。

回数も、日を追うごとに、30回から40回、40回から50回と回数が増えていきます。

さらには、

「**49・1、49・2、49・3、……**」

と小数点カウントをされ、隊員はさらに強くなります。

「反省」の回数が多いと、だんだんと脳内麻薬が出るようになり、まるで、山盛りの

49.1
49.2
49.3
49.4
グギギ
ガク
ガク

二郎系ラーメンを食べ終わったような達成感も味わえます。身体が強くなり、脳内麻薬も出る、まさに一石二鳥のトレーニングと言えるでしょう。

残念ながら、現在ではこうした「反省」はなくなってしまいましたが、その代わり「**体力錬成**」というものがあります。これは、「みんなで身体を鍛えよう」という名目であり、体罰ではありません（班長が怒りを抑えながら、「体力錬成……!」と言うケースもあります）。

体力錬成にも腕立て伏せの項目がありますので、いずれにしても腕立て伏せをする文化は残っています。入隊を考えている人は、日ごろから腕立て伏せをする習慣をつけておいた方がよいでしょう。ただし、正しい姿勢で腕立て伏せを行わないと、腰を痛めてしまうので、まずは回数は少なくても正しい姿勢で行いましょう。

陸上自衛隊名物「ハイポート」

ハイポートとは、身体の前に小銃を持った状態で走るトレーニングです。迷彩服で半長靴を履き、「イチッ！　イチッ！　ニッ！」と歩調をかけ、区隊や班編成で走ります。映画『フルメタル・ジャケット』の訓練シーンでも有名ですね。

ハイポートは、天候を問わず行われます。真夏の太陽の下でも、降りしきる雪の中でも行います。ゆっくり走るので、基礎体力があれば辛くありませんが、体力がない新隊員がやると、敗残兵のようにフラフラになります。ヘルメットも斜めに傾き、「オエッ！」と言いながら走る姿は、さながら飲みすぎた翌日のお父さんといった印象です。

陸上自衛隊では、体力のない人間をサポートするために、「脱落しそうな隊員の銃を体力のある人間が持って走る」という文化があります。そのため、気がついたら武蔵坊弁慶みたいに武器だらけの隊員が走っていることもあります。

ハイポートは、教官の好みで行われることも多々あり、駐屯地と訓練場が少し離れ

ている場合でも、

「今日の移動はハイポート！」

　と言って、30分近く走らされることもあります。

「今日はトラックが故障したからハイポートで帰るぞ」

　という話で始まることもあります。その場合、壊れたはずのトラックが、なぜかハイポートをしている隊員たちの後ろからついてきます。このような状況で教官に、

「トラック走ってますよ」

　と言うと、

「俺には見えん」

　と言われるだけなのでやめておきましょう。

　なお、ハイポートにはウラ技があります。弾帯と呼ばれる腰ベルトに小銃のグリップをひっかけると楽になるのです。小銃を腕ではなく、腰で支えることができるからです。ただし、教官に見つかると「反省」になるので要注意です。

　ちなみにレンジャー課程などでは、「10マイル走」と呼ばれる訓練があり、強度の高いハイポートで16㎞を走ります。さすがレンジャーですね。

イダッ イダッ
イチッ ニッ
イチッ イチッ
イチッ ニッ
イチッ
イチッ イチッ
ニッ
ニコ
ニコ
コトッ

大地を抱きしめ地面にキスする「匍匐前進」

「元陸上自衛官です」と言うと、

「**匍匐前進はやったの？**」

と必ず質問されます。もちろん答えは、「イエス」です。

陸上自衛隊に入隊すると、匍匐前進を必ず学びます。実は、匍匐前進には5種類あり、状況に応じて使い分けます。姿勢が低ければ低いほど敵の銃弾や榴弾を避けることができ、敵からも見つかりにくくなります。

最も姿勢の低い第5匍匐は、地面に這いつくばりながら進みます。

「**大地を抱きしめろ！　地面にキスしろ！**」

と私は言われたことがありますが、陸上自衛官であれば、そのくらいの心構えが必要です。

ただし、匍匐前進は、実際にやってみればわかりますが、「かなりキツい」です。

地面に這いつくばって進むので、肉体のすべてを使う全身運動になります。しかも、砂や泥まみれになります。訓練では、時間と場所の都合上、移動距離が長くても数百m程度ですが、本当の戦場では、数kmにわたって這っていくこともあります。匍匐前進の得意な人は、虫みたいにシャカシャカ動いて前に進みます。それを見るたびに、「この人の前世は虫だったのかな？」と思っていました。

ちなみに、陸上自衛隊では、匍匐前進の重要性を認識させるために、上方で実弾射撃を行っている中で匍匐を行ったりすることもあります。爆薬などを爆発させる訓練もあります（当然、安全管理はかなり厳しく行います）。

匍匐前進中に頭を上げてしまうと銃弾に当たってしまう可能性が高くなるので、少しでも頭を上げると、

「**頭が高い！**」

と教官に怒られてしまいます。そんなときに、大名行列中の武士に、「頭が高い」と言われる農民の気持ちがよくわかります。

そうした訓練を通して隊員は、「**キツいけど横着して死ぬよりはマシ**」ということを学ぶのです。

銃剣道錬成隊での修行

陸上自衛隊に入隊すると、「**銃剣道**」という競技も行います。

銃剣道とは、剣道の竹刀を銃剣に模した木銃に持ち替えて、その先端で突き合うという競技です。剣道の経験がある人ならわかると思いますが、突かれると普通に痛いです。

銃剣道は、防具を着用するので大きなケガはしません。そうした理由もあって、陸上自衛隊の部隊で盛んに行われており、白兵戦術能力の向上や気力・体力を養う訓練として取り入れられています。

陸上自衛官にとって銃剣道の練度は、部隊の強さを示す一つの指標になっています。この銃剣道の部隊練度を上げるために編成されるのが、「銃剣道錬成隊」です。彼らは強さを求めて日々修行するため、毎日が高校の夏合宿みたいになります。

九州にある普通科部隊などに配属されると、強面の曹長に、

「きしゃんは、いい体しちょるけぇ、銃剣道錬成隊に入りんしゃい！」

と田舎の草野球チームのように、半ば強制的に加入させられることもあり、

「**イヤァァァ!**」

と掛け声を出しながら、朝から晩まで木銃でど突き合うことになります。

銃剣道には、「銃剣道特有のキツさ」があります。ベテラン隊員は、あえて一本を取らずに若手隊員と戯れ、残り数秒で一本を取ります。レベルの差がありすぎるため、ベテラン隊員に遊ばれてしまうのです。普段の訓練では涼しい顔をしている体力自慢の若手隊員でも、ボコボコにしごかれるので、死にそうになることも珍しくありません。「**面ゲロ**」と呼ばれる面を付けたまま嘔吐する事態も発生し、隊員たちの熱気と吐瀉物の臭いで、道場はカオスに包まれます。

それでも若手隊員は、「**相手を倒してやる!**」**という気概を持って戦うことが大切**です。いずれにしても、強くなるのは楽ではないのです。

これから入隊する人に伝えたいのですが、任期満了で退職する部隊の先輩から、

「無料で防具あげるよ。いらない?」

と聞かれても、銃剣道錬成隊に入りたくない場合は、キッパリと断った方がいいでしょう。銃剣道の防具を持っていると、

「防具あるなら加入な！」

と誘われてしまうからです。民間企業でたとえるなら、新入社員が先輩からゴルフクラブセットをもらうと、休日も運転手としてゴルフ場に駆り出されるのと同じようなものです。

幹部候補生学校を卒業したばかりの新米幹部が、着隊する際に「お祝い行事だから」と銃剣道で祝われることがあります。もちろんベテラン隊員に勝てるわけがないのでボコボコにされますが、ここで**負けん気**を見せることが必要になります。民間企業にはない世界ですね。

痛みはただの電気信号にすぎない

陸上自衛官として勤務していくうえで、必要な能力はいくつかあります。使命感の強さ、肉体的な強さ、法令遵守意識、戦闘センスなど多岐にわたります。

しかし、努力しても身につけることのできない能力があります。それは、「**痛みへの強さ**」です。これは、「辛い状況に耐える心の強さ」というよりも、純粋に「痛み」に強いかどうかです。

まず、私が思うに「痛みに強い人」と「痛みに弱い人」は間違いなく存在します。学生時代に体育会系の部活をやっていた人は思い出してください。どんな部活でも、ケガをしてもアドレナリン全開でプレーする選手がいませんでしたか？　一方で、技術はあっても、すぐにアチコチ「痛い、痛い」と言い出し、大した成果を出せなかった選手もいたのではないでしょうか。

痛みに耐えてプレーし続けることは、「根性の問題」「気持ちの問題」と思われるかもしれません。ですが、私は、**気持ちでは乗り越えることのできない先天的な特徴**であると思っています。

陸上自衛隊では、痛みに強い人・弱い人がはっきり分かれます。行軍や陣地構築などの野外行動や格闘の訓練で、「痛みに強い人たち」が明らかになるからです。

「**気がついたら骨が折れていた**」

「**痛いって言うだけ無駄**」

「**痛みはただの電気信号にすぎない**」

と言い放つ、もはや修行僧として悟りを開いたような人が普通にいます。

道のない藪の中を木の枝やササなどをかき分けて進むことを「藪漕ぎ」と言いますが、彼らは、茨の生えた竹やぶでも顔色一つ変えずに藪漕ぎしています。

行軍の荷物で肩がうっ血し、迷彩服を脱ぐと紫色になっているのに、平気な顔をしている人もいます。

私は当時、彼らのことを「根性あるなぁ」「すごい男だなぁ」と思っていました。

しかし、今思えば、あれはきっと、彼らが先天的に生まれ持った才能にちがいありません。つまり、彼らは「**痛みに強い**」**という特性を持ち、兵士や格闘家としての素質のある男たち**だと私は思うのです。

しかし、「痛みに強い男たち」は、**常人に対して優しくない**こともよくあります。

「これくらい、痛くないでしょ？」

「感電してもビリビリするぐらいじゃん！」

と平然と言ってくることがあるので要注意です。

また、陸上自衛官に向いている特性として、

「2日は寝なくても何とかなる」
「怒られても気にしない」
「ギャグのためならいつでも裸になれる」

などもあります。一般社会では、「**ネジが外れている**」は悪口ですが、陸上自衛隊においては、「ついていけないけど、すごいヤツだ」という尊敬の念がある印象です（そう思っているのは私だけかもしれませんが）。

なお、整体やヘッドスパなどに行った際、「痛いので力をやさしくしてください」とよく言う人や、公園の芝生のチクチク、Tシャツのタグが気になる人は、痛みに強くないと思います。私はそういうタイプでした。

入隊を考えている人は、試しに**登山**に行ってみてはいかがでしょうか。さまざまなシチュエーションに遭遇しますので、自分が痛みに強いのか、弱いのかをよく確認することができます。

ただ、もし痛みに弱くても、自衛隊には必ず自分に合った仕事があるのでご安心ください。

「内臓の強さ」は生き物としての強さ

「痛みに強い」と同じくらい自衛官に向いている能力は、「**内臓の強さ**」です。

普通の人は、たとえば、「目が覚めてすぐ」「激しい運動の後」「二日酔いの朝」「真夏の暑い日」「厳しく怒られた後」などは、食欲がなくなります。

しかし、内臓の強い人は、こうした普通の人であれば食欲がなくなるような場面でも、カツ丼大盛りを「うまい！」とモリモリ食べられたり、風邪などの体調不良のときでも、「**食わないと筋肉が小さくなるから**」と義務のようにペロっとたいらげることができます。

漫画家の水木しげる先生は、第二次世界大戦で陸軍軍人として激戦地ラバウルに出征しています。ジャングルの中でマラリアにかかったり、敵軍の爆撃を受けて左腕を失い、「もうコイツは助からないだろう」と仲間から見放される状況でも、食事に対する執着心が人一倍強く、生きて日本に帰ることができたそうです。まさに生物として強かったと言えます。

過酷な勤務環境で活動する自衛官は、どんなに食欲がなくても食事をしないと身体が動かず、倒れてしまう可能性があるので、「**とりあえず食べる**」が基本です。どんなに食欲がなくても、胃に押し込むように食べます。

ベテラン隊員ほど、「ここで食わなきゃ後がもたないからよ」と言って、必死に胃袋にかきこみます。どんな状況でも、「**飯は食えるときに食っておけ**」を忘れてはいけないのです。

「食べられるようにする工夫」は生きのびるための工夫

陸上自衛隊の携行糧食（レーション）には、おいしいメニューとまずいメニューがあります。いくら屈強な自衛官でも、口に合わないレーションが続くと嫌気がさしてきます。

そういうときは、ふりかけ、瓶詰めのおかず（「ごはんですよ！」とか）などの味変アイテムや、携帯コンロとフライパンなどが登場します。口に合わなくても、「お茶漬けにしてみる」「炒めてチャーハン風にしてみる」などの工夫をすれば、わりと食べることができます。**「食べられるようにする工夫」は生きのびるための工夫**とも言えるでしょう。

一方で、調理していないレーションでも、普通においしそうに食べる隊員もいます。彼らは、どんな状況でも、「お腹すいたな」と言って、モリモリとご飯を食べます。

私の知っている人は、「食べられればいいじゃないですか。お腹がすいていれば全部おいしい」と言って食べていました。**「味に対するこだわりがない」のも兵隊としての才能**だなと私は思いました。

おそらく彼らは、砲弾が落ちている中でもカツ丼を食べますし、「明日死ぬかも」というときでも、「死ぬかもしれないなら、今、飯食うかな」と食べるでしょう。

ただ、そんな食いしん坊の隊員でも、おいしく食べられないときがあります。それは、**レーションが冷たいとき**です。組織としては、隊員には常に温かいご飯を食べさせたいのですが、冬季では食事が凍ってしまうことがあるのです。

雪山で訓練を行う冬季レンジャーなどは、凍ったレーションをかじって飢えをしのぐこともあるそうです。厳冬期の北海道で空腹で低血糖になるのは死の危険すらあるので、どんなときでも食事は必ず食べます。

日常生活では、冷凍のレトルト食品を凍ったまま食べることはないと思いますが、生きのびるためには、**「なんでも食べる」という気概**が大切です。

おいしい食事は「心の栄養」と言われていますが、**非常時には、「生きるために食べる」**という考えも必要です。辛いときこそ、ぜひ食事をとってください。

食欲がないときは「風邪でも食べられるもの」を食べる

とはいえ、食欲がないときに、「カツ丼」などを食べるのはしんどいので、**食欲がなくても、わりと食べやすいもの**を紹介します。

ストレスなどで食欲がないときは、交感神経が高ぶっているため、口の中の唾液があまり出ていないことがあります。

このようなときは、「**水分量が多い**」「**飲みこみやすい**」「**甘い**」**食べ物**を選ぶといいでしょう。

一例をあげると、アイスクリーム、フルーツの缶詰、ようかん、プリン、ヨーグルト、ゼリーなどです。「**風邪をひいても食べられるもの**」を思い浮かべるといいでしょう。これらの食べ物は、食欲がまったくなくても不思議と食べることができます。

また、とろろそばやうどんなども、飲みこみやすいため、食欲がなくても食べやすくおすすめです。

食事をとると脳のエネルギーになりますし、腸が動いて副交感神経が優位になり、気持ちも少し落ち着くことができます。食欲がなくても、エネルギー補給と思って食べるといいと思います。

自分で作ったプレッシャーに押しつぶされるな

陸上自衛官が活動する現場は、野外で、かつ、天候を選ぶことができません。太陽が照りつける30度を超す真夏に、山道を50㎞行軍したり、雪が降りしきる演習場において、マイナス10度の環境で防御陣地を何日間も構築したりします。雨の多い日本では、大雨の中で横になってゆっくりと寝ることもできない状況で、何日も活動することもザラにあります。

任務とはいえ、自衛隊員も人の子です。厳しい状況では、「辛いからやめたい」「もう嫌だ」という気持ちが芽生えることもあります。汗だくで喉カラカラで行軍している最中に自動販売機を見れば、自動販売機を叩き割ってでもジュースを飲みたいと思うこともあります。

極寒の演習場から街の明かりが見えると、

「ああ、あの明るい光の先には、あったかいシチューを食べている家庭があるんだろうなぁ。ああ、家に帰りたいなぁ」

大雨の中で野宿をしているときには、

「大学に行った同級生は、今ごろ夏休みで彼女と海外旅行中か……。かたや俺はこんな雨の中で一人ぼっち。なんだか悲しいなぁ」

と、どんどん**ネガティブな感情**に心をむしばまれていきます。

ある程度経験を積んだ隊員なら、

「辛いことも、時が解決する」

「始まれば、終わったようなもの」

「前職のブラック企業と比べたら、なんだかんだ言っても楽」

「そもそも楽な仕事なんてない」

と割り切って活動することができます。

ところが、入隊したばかりの新隊員だと、

「もう歩けない……」

「もう無理です……」

と弱音を吐くことも珍しくありません。

もちろん、本当に肉体的に限界であれば、訓練を中止する必要があります。しかし、多くの場合は「**気持ちの問題**」です。辛い環境の下で、**自分の心に芽生えてしまったネガティブな感情がどんどん大きくなり、それに押しつぶされて、心が折れてしまう**のです。

得てして、頭が良くていろいろなことを考えてしまう新隊員ほど、将来を考えすぎて不安になって、自分で作ったプレッシャーに押しつぶされてしまう傾向があります。

なので、陸上自衛隊では、いろいろと考えて悩んでしまう頭の良い隊員よりも、少し頭が悪くても余計なことを考えない隊員の方が優秀な面があると言われることさえあります。ただし、本当に賢い隊員は、あえて心を無にして困難を乗り越えます。

肉体的な苦痛の先にある快楽

ランナーが長時間走っていると、苦しさを通り越して気持ちいい状態になることがあります。これが「**ランナーズハイ**」です。**肉体的な苦痛の先にある快楽**であり、苦しみを忘れて多幸感に溢れます。

私は、防衛大学校時代に行った100km行軍で、ランナーズハイを1度経験したことがあります。真夜中の80km地点でどんどん気持ちよくなり、ハッピーになったのを覚えています。ろくに睡眠も取らず、汗まみれで重い荷物と機関銃を持って歩いているにもかかわらず、田園風景の奥に広がる民家の明かりを見て、「自分はなんて幸せなんだろう」と心の底から思いました。冷静に考えれば、まったく幸せな状況ではないにもかかわらず、そのときは間違いなく幸せを感じていました。

厳しい筋トレや長距離のランニングが好きな人に話を聞くと、「やり切った達成感で幸せな気分になれる」とよく聞きますが、彼らも苦痛の先にある幸せをめざしているのでしょう。

「幸せは現状に対する感じ方次第」とよく言われますが、**苦痛の先にも幸せはきっと待っている**のでしょうね。

深夜は魔の時間

夜は心理的に不安定になりやすく、不安を覚えやすい時間帯です。肉体的にも1日の疲労がピークに達します。

現代社会では、真夜中になっても電気をつければ明るくなり、真っ暗闇を経験することは少ないでしょう。ただ、どうしても**人間の本能として真夜中は不安になりやすい**ことを覚えておくといいでしょう。

陸上自衛隊の演習では、真の暗闇を知ることになります。たとえば、北海道の道東にある矢《や》臼《うす》別《べつ》演習場などは、街の光などもまったく届きません。月のない夜には、隣にいる隊員の存在すらわからなくなり、漆黒の闇が支配するようになります。

演習場にはヒグマやイノシシも当たり前のようにいるため、演習中は、対抗部隊（敵役）に対する警戒だけでなく、動物にも気をつけて、注意深く行動する必要があります。

風が吹いたり、どんぐりが落ちたりするだけで、「クマか!?」と疑心暗鬼になっていきます。さらに、眠気や疲労が加わると、「木の幹が笑っているように見える」などの現象も経験します。

そういうときに、「不安な気持ちになるのは、俺の心の疑心暗鬼のせいだろう」と謎の自信を持って堂々と行動しすぎると、崖から落ちてしまう人もいるので、やはり夜は注意が必要です。

一方、陸上自衛官の中には、熱い日中はパワーを温存して、涼しくなった夜間にこそフルパワーを出して夜襲するタイプがいます。まるで闇属性のモンスターですね。

眠りながら歩くコツ

陸上自衛隊の訓練では、眠くて仕方ないけど眠ることができない、という状況が発生します。その最たる例が、**行軍**です。行軍は、夜間に40～100㎞の距離を歩いて行動しますが、静かで真っ暗な中を黙々と歩いていると、どうしても眠くなります。

そして、実際に**歩きながら眠る**人が出てきます。行軍中にフラフラしている人は、眠っていることが多いので、リュックなどを叩いて起こします。

大きな荷物と機関銃を持ち、歩きながら眠っているのは少し信じられない話ですが、慣れると眠れるようになるのです。満員電車で立ちながら眠る感覚に似ています。

ウルトラマラソンなどに参加をする人も、走りながら眠ると聞いたことがあります。

眠りながら歩くコツは、時々、半目を開いて前方を確認することです。そうしないと、深い眠りに入って、側溝などに落ちてしまいます。

人間は限界を超えると、眠りながら行動できるということを覚えておいてもいいですね。

限界を超える過酷なレンジャー訓練

陸上自衛隊では、**厳しい訓練をくぐり抜け、すぐれた技術と不屈の精神を持ったレ**

ンジャー隊員がいます。このレンジャー訓練は、かなり過酷です。食料や水の制限をし、文字通り不眠不休で山中を活動します。
レンジャー隊員になるための訓練を受ける隊員のことを「学生」と呼びます。学生は訓練中、疲労や睡眠不足から幻聴や幻覚が聞こえたり見えたりするようになる場合があります。

「道に弁当が落ちている」

「木にバナナが実っている」

と現実ではないものを見たという話がよくあります。

「仲間から呼ばれた方向に歩いて行ったら崖だった」

などの危険なケースも中にはあります。

今、自分が見えているものが本物なのか、幻覚なのかがわからなくなるため、レンジャー学生は、「これは本物か?」と自分の感性を疑い、一つひとつ確認する作業を行います。私は次のような話を聞いたことがあります。

◎山中におにぎりが落ちている　→　山中に落ちているわけない

◎自分のバディが遠くで呼んでいる　↓　バディは隣にいるから幻聴
◎道でバーベキューをしているグループがいる　↓　近づいたら消えた
◎教官がポカリを持ってきた　↓　持っているのはライトだった

日常生活ではここまでの幻覚・幻聴を経験することはまずないでしょう。しかし、山中で遭難した人は、同じような経験をします。遭難者の手記を見ると、「会社の人が自分を助けに来て呼んでいる」という幻聴を聞いたり、「崖の下にコーラが落ちている」という幻覚を見たという話がよくあります。

自分の肉体を超えて活動し、睡眠時間が短いと、人は幻覚・幻聴を経験します。場合によっては、その幻が自分の命を奪うことさえあります。

もし、あなたが極限状態にあるならば、「**見えているもの、聞こえているものを疑う**」というアクションをとった方がいいでしょう。結果として命を救うことになります。

「限界に近いサイン」を見極める

「『もう歩けない』からが始まり」という考え方は、辛いときに有効ですが、肉体的に限界を超えているのに、「ここからがスタート」と考えていると、倒れてしまいます。ネガティブな気持ちや弱気な心は、「考え方」である程度カバーできますが、**限界を超えると身体に異変が起こってきます**。

人生は困難の連続であるため、辛いときに頑張ることが大切ですが、限界を見極める必要があります。**あまりにも我慢強いと、限界を超えて身体を壊してしまう**ケースがあります。

自衛官という職業も、「**まだ大丈夫**」と「**もう限界**」の**見極め**が大切です。実際に、普段、不平不満を言わない優秀な隊員が、ある日、無理がたたって身体に異変が出て、休職するようなパターンは珍しくありません。身体に異変が出てきたときは、「**もうやめろ**」**のサイン**だと思ってください。

ここで、私が考えるいくつかの「限界に近いサイン」を紹介します。

サイン① 厳しい状態が楽しくなる

私が見てきた中で、潰れてしまう人で多かったケースは、**厳しい状態を乗り切るために「ハイ」になっている状態**です。

「仕事こそが我が喜び」
「国のために奉仕できて幸せ」
「残業を苦しいと思ったことがない」
「もっと厳しくて激しい訓練がしたい」

といった**超ポジティブな発言がログセ**の隊員を幹部の中で何人か見ました。

しかし、彼らは、ある種、働くことで脳内麻薬が放出されてハイになっている状態なのです。一種の錯綜状態になっているため、「もっとできる」「まだまだやれる」と思って仕事量を増やしすぎると、**ある日ガツンと反動で潰れてしまう**ことが多いのです。

この手のタイプは、周りがアドバイスをして業務量を調整してあげないと、本当に潰れるまで働いてしまうので注意しましょう。

サイン② 感情の振れ幅が激しい

落ち込んでいたと思っていたら、急に明るくなったり、そして、また落ち込んだりしている人も要注意です。こうした人は、「**泣きながら笑っている**」「**怒りながら笑っている**」といった変わった姿を見せることもあります。

サイン③ 生活がおろそかになる

今までは問題なかったのに、ある日、「**少しだらしなくなったな**」**という印象を持つようになった人**がいたら、要注意です。まだ仕事に影響が出ていなかったとしても、すでに**生活がおろそかになっている**からです。

部屋が荒れている、カバンの中が汚い、経理処理すべき請求書や領収書がたまっている、ワイシャツの襟が汚れている、などがサインです。

サイン④ 人と話すのが怖くなる

「自分は役に立たない」「情けない」と考え、人と会話をすることを恐れるようになる人もいます。

人と目を合わせられない、報告が怖い、という症状が出てきたら、限界が近いサインです。

サイン⑤ 食欲がまったくわかない

ストレスが強くなると、交感神経がたかぶり、食欲がなくなります。「**何も食べたくない**」という日が何日も続き、食事が適当になっていくと、体力が低下し、加速度的にメンタル不調になります。

他にも、意味もなく涙が出る、夜に眠れない、朝起きることができない、手足がしびれる、めまいがする、偏頭痛がする、などの症状が起きることがあります。ここまで来ると、身体が「休め」と悲鳴を上げていると考えた方がいいでしょう。

酒、ギャンブル、キャバクラ、風俗にのめり込むな

自衛隊に入隊すると、誰しもが**規則正しい禁欲生活**を経験します。身の回りの整理整頓や制服へのアイロンがけから始まり、日常のスケジュールを決められます。休日や休暇の行動にも、「どこに行くのか」という報告をする必要があるので、日常生活に大きな制限が生まれます。

また、厳しい上下関係があり、礼儀作法なども重視するので、「気疲れする」と感じる人たちもいます。特に若手隊員の場合は、営内（駐屯地や基地）での集団生活が義務になるため、ストレスがどんどん溜まっていきます。

そうした禁欲生活を日々送っているため、休日に外出すると、その反動で良からぬ行動を起こすことがあります。それは、**お酒、ギャンブル、キャバクラ、風俗**などに走ってしまうことです。

もちろん、成人であれば、合法である以上は、そのようなお店に行くことは個人の自由ではあります。問題は、**のめり込んでしまう**人がいることです。

飲酒

自衛官は**とにかくお酒を飲みます**。たしなむ程度というレベルではなく、たいていの隊員は、とりあえずジョッキのビールを一気に飲むところからスタートします。自衛官にとっては、「**飲酒**」＝「**心の解放**」に近い感覚があり、日常の制限から放たれる瞬間でもあります。

新型コロナウイルス感染症の流行で、飲み会の制限などがあったため、現在はコロナ前とは感覚が変わっていることもあると思いますが、私がいた当時は、「ひたすら飲む」という感覚でした。

問題は、**飲みすぎる**ことです。飲み会は1次会で終了することはほぼなく、2次会、3次会へと移行していき、朝方まで飲む人も珍しくありません。飲みすぎて意識が朦朧とした状態で、駐屯地や基地に帰ってくる隊員もおり、厳しく注意されている姿もよく見かけます。さらに、飲むと日ごろのストレスで「大トラ」になる人もまれにいるため、トラブルを起こさないように注意が必要です。

海上自衛隊の隊員から、「艦艇乗りの飲み会」の話を聞きましたが、普段の勤務では酒が飲めないせいか、やはり相当に飲むそうです。抑圧されていればいるほど、大酒を飲んでしまうのでしょう。

ギャンブル

自衛官は、パチンコやスロットの好きな人が多く、駐屯地や基地の近くのパチンコ店に行くと、自衛官らしき人で溢れています。中には駐屯地の目の前にパチンコ店があることもあり、「CR陸上自衛隊」を発売したら、自衛官を中心に大ヒットするというジョークがあるぐらい、自衛官はパチンコ好きだらけです。

なぜ、パチンコが好きかというと、**普段の生活では得られない楽しみがある**からです。大音量のサウンド、まぶしいフラッシュ、そして、お金を賭けているスリルなど、日常の禁欲生活では得られないドキドキが心を魅了してしまうのです。

私にも経験がありますが、**自衛隊にいるとパチンコが数倍面白くなります**。きっと、脳が現在の自分に欠けているものを魅力的に見せてしまうのでしょう。

キャバクラと風俗

キャバクラと風俗も、自衛官の日常生活にはないものです。興味がない人はまったくありませんが、大好きな人は本当に大好きです。中には、「あの子が俺の最後の恋だ」と足繁くキャバクラに通っている人すらいます。お店からすれば、とても良いお客さんではありますが、周りの人たちからすれば、少し困ったものです。

これらの遊びも、息抜き程度であれば問題ありませんが、問題は、**のめり込んで貯金をすり減らし、借金を抱えてしまう**ことです。借金を抱えてしまうと、服務事故を起こす確率が大きく上がるばかりが、犯罪行為に走ってしまう可能性があるからです。

一般的に、繁華街に近い駐屯地は服務事故が起こりやすいと言われており、注意する必要があります（一方、僻地の駐屯地は誘惑が少ないので、リスクは高くありません）。

多くの自衛官は、しっかりと貯金をし、健全な趣味を楽しんでいますが、こうしたことにのめり込んでしまう自衛官も一部いるのは事実です。私の個人的な見解ではありますが、のめり込んでしまう人は**日常への不満がかなり強い**傾向があると思います。

仕事が順調であまり不満を抱えていない人は、日常への不満が少なく、大酒やパチンコにのめり込んだりするケースは少ないと思います。

しかし、仕事に対して大きな不満を持ち、そうしたストレスをうまく解消できていない人は、のめり込んでしまう傾向があります。仕事をしていても、「自分はこんなところで何をしているのだろうか……」とストレスがどんどん大きくなり、ストレス解消のためにお酒やパチンコなどにどんどんのめり込み、その結果、よからぬ行動として爆発してしまうのです。

そして、真面目な人ほど、不平不満を口にせず溜め込んでしまう傾向にあるので要注意です。「真面目だから問題ない」ではなく、「**真面目だから心配する**」という心持ちも必要なのではないでしょうか。

辛いときは3日後をイメージする

精神的、肉体的に辛いときは、「**この苦しみがずっと続く**」と考えると、必要以上に将来を悲観し、心が折れてしまうことがあります。

１００km行軍中、「辛い、辛い」と思って時計を見ても、さっきから5分も経っていない――。時計を何度見ても、いつまで経っても時間が進まないことを実感すると、「**こんな苦しみがあと12時間も続くのか……**」と思って、やりきれなくなります。

また、陸上自衛隊の真夏の演習などは、想像を絶した激烈さになることが多く、キツい一瞬が永遠のように感じられ、「**定年までこれをやるのか……**」という思いが頭をよぎります。こんな考えになると、正直なところ、すぐに辞めたくなります。

私が陸上自衛隊で学んだ教えですが、辛いときは、「**ネガティブなイメージに負けてはいけない**」と、「**3日後だけをイメージして生きる**」があります。

辛いときに将来のことを考えると、ネガティブなイメージに引っ張られてしまうので、まず考えることはやめましょう。

また、人生にどんなに悲観をしても、「**3日後に生きているイメージ**」**は想像しやすく、現実的に物事を考えることができる**ので、気持ちのブレが少なくなります。

どんなに辛い100㎞行軍だって、3日後にはコーラを好きなだけ飲んで暖かい布団でぐっすり眠ることができます。きっとそのときは、100㎞行軍の辛さなんて95%くらい忘れています。

この考え方は、日常生活で絶望をしたときにも有効です。どんなに辛くても、3日後の自分をイメージして生活し、3日目になったら、また3日後をイメージして生活してみてください。

時が経てば状況がクリアになり、気持ちが軽くなっていることがよくあります。辛いときこそ「**時が解決する**」という言葉を信じて行動するのもいいでしょう。

安全管理基準をすべて遵守したら何もできない

陸上自衛隊の訓練では、成果以上に「**殉職者を出さない**」「**ケガ人を出さない**」「**器材を壊さない**」「**物品を紛失しない**」などの事柄が重要視されています。どんなに効果的な訓練を行っても、「参加者はケガ人だらけ」や「高価な通信機が落下で壊れた」ではお話にならず、成果としては最低評価になります。

実際、自衛隊ができて間もないころには、2名の殉職者を出した行軍訓練「自衛隊死の行軍事件」や、手榴弾の爆発から候補生を守るため、わが身をもって学生の命を救った「小翠1尉殉職事件」など数々の死亡事故がありました。死亡事故に至らずとも、「戦車に踏まれた」「行軍中に崖から落ちて骨折した」「格闘訓練で大ケガをした」など、さまざまな訓練事故があります。

そのため、陸上自衛隊では厳しい安全管理基準があり、その他、さまざまな訓練をするうえでの諸所の規則があります。

しかし、それらをすべて遵守すると、

「あれ？　今回の訓練だと安全距離が微妙に足りなくて、訓練が実施できないぞ……？」

ということが多々起きます。安全管理を意識しすぎて、「部隊を精強化する」という目的から、「何も事故を起こさずに終える」という目的にすり替わっていくのです。

こうした考え方を突きつめていけば、「熱中症で倒れたら大変だから、真夏の暑い日は訓練をやめよう」「高価な器材は壊れたら大変だから、演習では使わない」などの本末転倒な話になってしまいます。

そのため、運用訓練幹部などは、厳しい安全基準とにらめっこして、「安全と訓練の両立」を四苦八苦しながら、訓練を立案することになります。

私の先輩は、

「安全管理基準は〝準拠〟するものであって、〝遵守〟するものではない」

と言っていましたが、まさにその通りです。

安全管理基準をすべて遵守すると何もできなくなるので、準拠しつつ、遵守しきれない分の安全管理をどう補うのかを考えて実行するのが、幹部の腕の見せどころになります。

訓練のための訓練をするな

特に安全管理が重要なのが、「**実弾を使用した訓練**」です。実弾を取り扱う訓練は、厳正な規律の中で実施します。なぜなら、事故の発生するリスクが非常に高まり、死傷者が出ると取り返しのつかないことになるからです。

一方、小銃のプロ集団である小銃小隊や、国際貢献活動に行く隊員などは、通常の安全基準から引き下げて、より実践的な訓練をします。これは、訓練を受ける隊員に「十分な練度と信頼関係がある」と判断したうえで行っています。

このように、状況や隊員の練度によって、訓練のレベルは変わってきます。そのため、陸上自衛隊の運用訓練幹部が訓練計画を作るときは、「実戦を意識しろ」、だけど、「事故は起こすな」というせめぎ合いがあります。

厳しい訓練をするために大切なのは、「何を意識して」「どうやって安全に」「厳しい訓練をやり抜くのか」ということです。

また、陸上自衛隊には、「**訓練のための訓練をするな**」という言葉もあります。「訓練のための訓練」とは、「偉い人の訓練視察があるから、そのために訓練をしよう」とか、「訓練の評価があるから、そのために訓練しよう」という発想です。「有事で戦うための訓練」から、「訓練評価を目的とした訓練」という考え方にシフトしてしまうと、「それは実戦的なのか？」という問いから離れ、「でも、組織の評価基準がこれだから」といった思考停止状態に陥っていきます。

この状況が悪化していくと、「訓練は去年と同じことをやっておけばいいだろう」という感覚になり、「**上手な訓練をする劇団**」に成り下がっていきます。外見上はうまく見えるので、一見すると問題点がわからないことがありますが、「パッと見キレイ、ナカ汚い」という言葉もあり、表面上は普通に見えても、内情は全然ダメなことがあります。このレベルになると、「指差し呼称をしているのに、安全装置がかかってない」「物品点検しているのに物がなくなる」という、ありえない事故も発生するようになります。

これは、「**何のためにやるのか？**」という本質を見失っているため、見ているようで見ておらず、ただ作業を演じているだけだからです。

このような状態を防ぐために指揮官は、「訓練のための訓練をするな」と戒める必要があるのです。

どんな仕事でも、「**なぜやるのか?**」という本質を見失ってしまうと、ただの演技になり、「やっているけど意味はない」という状況にすぐに陥ってしまいます。

自分がやっている**仕事の本質を時々振り返る**ことが、良いアウトプットにつながるのではないでしょうか。

コラム―①

自衛官のあだ名あるある

陸上自衛隊では、隊員同士でよくニックネームを付けることがあります。中高生がクラスメイトに付けるのと同じで、たわいもないものです。

「あの人はすごいぞ！」と尊敬の念を込めて付けられるニックネームもありますが、たいていは不名誉なニックネームが多いです。

いくつか代表的なニックネームを紹介しましょう。

あだ名あるある① 「エース」

「**エース**」という言葉の意味は、一般的には、「最も優秀な人物」を指す言葉でしょう。「営業のエース」と言えば、ナンバーワンのセールスパーソンを指す言葉になります。

しかし、陸上自衛隊の教育隊では、「エース」とは、「**ヘマばかりやる人**」を指します。自衛隊のニックネームは、一般社会のそれとは異なり、この手の皮肉が込められていることが多いのです。

2021年にTBSで『リコカツ』という自衛官の登場するドラマがありましたが、紹介文に下記のような記載がありました。

「そんな咲と運命的な出会いをしたのが永山瑛太演じる緒原紘一（おばら・こういち）。紘一は航空自衛隊に編成されている航空救難団のエース隊員。厳格な自衛官一家で育った、絵に描いたようなカタブツ人間である」（TBSウェブサイトより）

これを自衛隊流に解釈すると、次のようになります。

「エース隊員」×「カタブツ」×「航空救難団」＝「融通がまったく効かない体力オバケ」

自衛官に対して、良い意味で「エースですね」と言ったつもりでも、自衛官からはあまり良い顔をされないことがあるので、気をつけましょう。

では、本来の意味での「エース」はどう表現するかといえば、「**重鎮**」「**陸自の宝**」「**部隊の要**」「**ますらお**」「**レジェンド**」などと表現するとお伝えしておきましょう。

あだ名あるある②　「大先生、先輩（パイセン）」

着任した部隊で、喫煙所や飲み会の際に、

「いや～、やっぱり○○**大先生**は偉大だわ」

「また××**パイセン**？」

「いつもの**大先生**が張り切っている」

などと、「**大先生**」や「**先輩（パイセン）**」と呼ばれている人がいたら、その人の部隊における立ち位置はすぐにわかります。

「大先生」や「先輩（パイセン）」と呼ばれる人たちは、「**持論があって、話が長い**」「**変なこだわりが強い**」「**あまり仕事はできない**」といった特徴を持った人たちです。

あだ名あるある③　「将軍様」

「**将軍様**」というのは、わかりやすいニックネームで、「オラオラグイグイ系」の上級指揮官に対して隊員たちが使うあだ名です。

　先輩隊員が指揮官に対して、

「さすが**将軍様**だな」

と言ったら、そこには、いろいろな意味が含まれています。

なお、**太っている中隊長**なども、「将軍様」と言われることがあります。風貌がどこかの国の将軍と似ているからといって、「将軍様」と呼ばれたくない中隊長は、身体を鍛えるようにしましょう。

あだ名あるある④「悪の総帥」

「**デスラー**」「**ギレン総帥**」「**ベイダー卿**」「**碇司令**」というあだ名は、冷静だが、いろいろと細かい指摘をする高級幹部に対して付けられます。ベテランの隊員が、

「**あれはデスラーだよ……**」

とタバコを吸いながらつぶやくときは、きっとそういう人なのだと考えて間違いありません。ちなみに、「デスラー」とは、アニメ『宇宙戦艦ヤマト』に登場する「デスラー総統」から取っています。余談ですが、ある将官が不眠で働いたところ、顔色が悪くなり、デスラーそっくりの顔になって司令部が仰天したとの話を聞いたことがあります。

この手の幹部は、

「きみぃ、これは違うんじゃないかぁ？」

と慇懃無礼な言葉づかいで細かく指摘し、周囲の人がとにかく気をつかいます。

他にも自衛隊には、次のようなあだ名があります。

◎**ドラゴンボール**＝同じ部隊にスキンヘッドの人が7人いる。

◎**腹痛さん**＝面倒くさいことが起きると、お腹が痛くなり休んでしまう。

◎**じゃじゃ丸さん**＝オラオラ系の陸曹。

◎**ジャムおじさん**＝装弾不良（いわゆる「ジャムる」という状態）の小銃を持っている人。

◎**クレイマージャパン**＝いつもぶつくさと文句を言っている人。

◎**ゴジラ**＝やかましい人。

まるで中学生レベルの内容ですが、

「小隊長が、じゃじゃ丸さんに怒られていた」

「射撃訓練でいつものジャムおじさん」

と言えば、部隊ではなぜか通じてしまうのが不思議です。

なお、私が防衛大の学生だったときに、「**ファンタジスタ**」と呼ばれている1年生がいました。「ファンタジスタ」のあだ名の由来は、「やることなすこと、想像の一歩上を超えていて、上級生を夢心地にさせる」とのことでした。

人に夢を見させるほどのヘマをやる男がいる、それが私の自衛隊時代の大切な思い出の一つです。

第2章

自衛隊に学ぶサバイバル術

喉の渇きは人を狂わせる

軍隊では極限状態に対する経験を学ぶため、**水分を制限する訓練**を行うことがあります。陸上自衛隊においても、レンジャー課程などでは水分を制限する訓練が行われることがあります。

水が飲めないと、人間は驚くべき行動に出ます。実際、レンジャー隊員の中には、

「**雨が降ると水分補給ができるから嬉しい**」

「**偵察中は泥水が飲めたからハッピーだった**」

「**朝露はチャンスだから、とにかく草をなめまくった、時にはコケもなめた**」

など信じられないエピソードを語る人もいます。

韓国軍でも、「行軍中は防火水槽に転んだふりをして水を飲んだ」という軍人がいました。

水が飲めないと、「安全な水かどうか」という感覚が鈍るため、「泥水に倒れるふりをして水を飲む」などの行動を人間は取るようになります。しかし、不衛生な水を飲

ズズズ

むと、下痢になったり、寄生虫に寄生されることもあります。

ただ、教官がどんなに強く注意しても、隊員たちは、極限の渇きに耐えられず、泥水をこっそりと飲んでしまうのです。それゆえに、訓練終了後に虫下しなどを飲まされるそうです。

なお、北海道だと生水はエキノコックスに感染する可能性があるため、隊員が生水を飲むことは絶対に止める必要があります。

先の大戦では、旧日本軍は各地で飲料に適した水を確保できず、田んぼや道ばたの泥水を飲んでしまい、赤痢やコレラにかかってしまう兵士が大勢いたそうです。

私の知っている幹部自衛官は、実際に戦地に赴かれた旧日本兵の話を聞いて回ることをライフワークにしていますが、ある人のエピソードに、

「米軍が飲み残したサイダーをめぐって、日本兵同士が殺し合った」

という話があったそうです。戦争の悲惨さを物語ると同時に、**喉の渇きは人を狂わせる**ということがよくわかります。

そんな貴重な飲料可能の水を確保するために、有効な手段として「**携帯浄水器**」があります。携帯浄水器を使用することで、飲料に適した水にすることが可能です。

製品の性能にもよりますが、携帯浄水器があれば、化学物質などに汚染されていないかぎりは、川の水や泥水なども飲むことが可能です。濾過された水は、ケガをしたときに傷口を洗うのにも必要になります。

携帯浄水器は、自衛官や登山などの野外活動を行う人だけでなく、災害時にも効果を発揮するので、持っておいて損はないと思います（値段も数千円程度です）。インターネットで調べると多くの製品が出てきますので、興味がある方は調べてみてください。

陸上自衛官はどこでも寝られる

「**陸上自衛官はどこでも寝ることができる**」とよく言われます。たしかに陸上自衛官はどこでも寝られます。出張や民有地で訓練するとき、出張先に都合の良い宿泊場所がない場合でも、

「屋根さえあればどこでもいいです」

と言って、駐屯地の会議室や体育館などでも普通に宿泊できます。

ただし、どこでも寝られるのは、陸上自衛官だけです。航空自衛官に、「部屋は空いてないけど、会議室なら宿泊できます」

と言っても、「ん？　何を言っているんだ、コイツ……」と相手がカルチャーショックを受けることがあるので、注意が必要です。

なぜ、陸上自衛官はどこでも寝られるかというと、**どこでも寝られるようにさまざまな工夫をしている**からです。

たとえば、組み立てやすく寝心地の良い携帯用ベッドや極寒の環境でも寒さを防げる高級な寝袋を持っていたり、暑いときにはミニ扇風機を持ってくるなど、いかなる状況でもぐっすり寝てスッキリ起きて任務にあたれるように創意工夫しているのです。

なぜなら、睡眠不足が続くと、任務に支障が出るからです。たとえば、「**相手が何を言っているかわからない**」という症状が表れることがあります。これは、相手の言葉が聞き取れないのではなく、音は聞こえているけど、言葉を認識、理解できないという状態です。

たとえば、「おはよう」と挨拶されても、

「**おあよ？**」

と聞こえたりします。

「今日はいい天気だな」と話しかけられても、

「**＃＄は＆＃％な**」

と何を言っているのかわからなくなります。

このように、睡眠不足のときは言語能力が著しく低下します。「相手が何を言っているかわからない」という症状が出てきたら、ゆっくり寝た方がいいでしょう。

また、睡眠不足のときは、相手の言っていることは耳に入っているけど、理解できないということもあります。こういうときは、紙に書いてゆっくり読んだり、ゆっくり簡単に説明してもらったりすれば理解できます。

ただし、そのようなことは、限られた時間で命令を下達し、一個のミスも許されない戦場においては、許されません。そのため、隊員は工夫して命令をしっかりと把握することに努めるのですが、往々にして伝達ミスや混乱が起こります。

現代戦は情報網が発達しているため、昔の戦争のように伝達ミスで混乱は起こらないと思う人は多いかも知れません。しかし、結局のところ、どれだけ情報があっても、肝心の人間が寝不足だとうまく処理できず、混乱が往々にして起こります。

睡眠不足は、言葉の理解だけでなく、他にも、真っ直ぐ歩くことが難しくなるので、身体を机や椅子にぶつけることが増えたり、物もなくしやすくなります。

どんなに状況が切迫していても、行動を続けるために睡眠は必要不可欠です。そのことをよく理解した方がいいでしょう。

本当にやばいときは痛くない

痛みとは、危険を感じるサインの一つです。「痛い」と感じるときは、身体が傷ついている証拠です。日常生活でも、転んだり、料理中に包丁で指を切ったりすれば痛いですし、タンスの角に足の小指をぶつけたりすると、「骨が折れた」と思うほどのあまりの痛さに悶絶します。

ただ、本当に大ケガのときには、**痛みを感じない**ということが往々にしてあります。「痛くないから大丈夫」と思っていたら、実は骨が折れていたなどの大ケガであることもよくあります。

ピンチのときに「痛い！」と騒いでいると命を落とす危険性が高まるので、脳内麻薬により、痛みを麻痺させる機能が生き物には備わっているようです。つまり、「**本当にやばいときは痛くない**」と覚えておく必要があるのです。

従軍経験者の手記などを読むと、「銃に撃たれても痛くなかった。周りが騒いでいて撃たれたことに気がついた」という記述をよく見ますが、負傷した直後はどうしても痛みを感じにくくなります。

自動車教習所などでも、「交通事故にあったときには必ず救急車を呼ぼう」と教えられるのは、**自分ではケガの度合いがわからない**からです。事故直後は興奮から痛みを感じにくいため、肋骨が折れていたり、歯が折れていたとしても、「たいしたケガじゃなさそうだから大丈夫です！」と帰ろうとする人も少なからずいるそうです。

ただ、病院に行かずにケガを放置しておくと、その後、激痛を感じ、後遺症の残る可能性も高くなります。

大きな衝撃を感じる事故があった場合は、大ケガをしている可能性があると考えてボディチェックをし、必要とあらばタクシーで病院に行く、もしくは救急車を呼ぶなどのアクションを取った方がいいでしょう。

疲れてくると人は密集する

陸上自衛隊の野外活動では、「分散」して「各人・各装備間隔を確保」することが部隊行動の基本になっています。なぜなら、**密集させると敵の一撃で全滅してしまうリスクが高くなる**からです。つまり、「分散」とは、敵に襲撃されたときに一撃で全滅するリスクを減らし、奇襲にも対応可能な処置と言えます。

自衛官にかぎらず、**人は疲れてくるとどんどん密集するようになります。**何日もろくに寝ずに行動し、肉体・精神的に疲労困憊になると、部隊の基本的行動のことを忘れ、不思議と密集するようになるのです。

これは恐らく人間の本能です。疲労が溜まってくると、何をしていいかわからなくなり、なんとなく一箇所に固まってしまいます。そして、「自分は何もしなくてもいいよな」という気分になります。何かが起こったときには、誰かが向かう方向に一緒に走れば大丈夫な気がします。まさに「烏合の衆」です。

このような場合に敵の襲撃があると、何もできずに全滅してしまう可能性があるのです。そのため、陸上自衛隊では、「分散」して「各人・各装備間隔を確保」しろと口すっぱく指導し、隊員同士の間隔を保たせることに留意する必要があります。

この「疲れてくると密集したくなる」という感覚は、私たちの日常においても、災害時によく現れると思います。たとえば、津波の警報が出ていても、「みんながまだ動いていないから大丈夫だろう」と考えて避難せずに様子を見たり、「みんながこっちの方に行っているから」と何も考えずに行動し、ドミノ倒しなどに巻き込まれてしまうようなケースです。

疲れていないときは、自分で判断をして行動できますが、**疲れてくると、どうしても自分で判断することが面倒になり**、「みんなと同じに動けば問題ない」という気持ちになってしまうものです。

疲れたときこそ、「**みんなと同じ行動をしていて良いのか？**」と考える必要性があるのです。

疲労を取りたいならカフェインよりもアミノ酸

現代社会には、さまざまな栄養剤・栄養ドリンクがあります。たとえば、疲労した状態でも仕事などを乗り切るために、エナジードリンクを日々愛用している人も多いでしょう。

しかし、栄養剤・栄養ドリンクをとって栄養補給しているつもりでも、実は、疲労回復のための主成分が**カフェイン**で、カフェインの効果しか感じられないケースも多くないでしょうか。

たしかにカフェインには、「疲労を感じにくくなる」「目が覚める」といった効果があります。こう言っている私も、自衛官時代は訓練中にカフェインを愛用していました。しかし、カフェインは、「カフェインが切れたときに重い疲労がやってくる」「胃が荒れる」などの副作用があるため、訓練の後半になると疲れ切ってしまいます。

もし、疲労で困っている人は、**バリン、ロイシン、イソロイシン**といった**アミノ酸**を摂取することをおすすめします。

ハードな訓練を行う陸上自衛官は、味の素が販売している「アミノバイタルプロ」など、アスリート向けの製品を愛用している人が多いです。こうした製品は、疲労回復や筋肉への栄養補給などの効果が期待できます。そして、訓練の最後までしても、バテずに済むのです。

アミノ酸の摂取をすべき人は、ハードな運動をする人だけにとどまりません。オフィスワークも実は筋肉を使っています。また、仕事で緊張しやすい人は筋肉が硬くなるので、肉体的な疲労度が高くなっています。バリン、ロイシン、イソロイシンなどのアミノ酸が多く配合された製品は、満員電車の疲れや夕方以降の疲労にも、実はかなりの効果があります。

夕方以降に疲れを強く感じる人や、**満員電車でクタクタになってしまう人**は、アスリート向けの疲労回復サプリに目を向けてみるのもいいでしょう。そうすることで、カフェインが多量に入った栄養剤・栄養ドリンクよりも、疲労感を根本から改善することができるかもしれませんよ。

私物の迷彩服が禁止されている理由

陸上自衛隊では、訓練に必要な装備品が一式貸与されます。ですが、私物の使用も許可されています。「**訓練で楽したければ、物品に金をかけろ**」という教えもあります。

「なんだ⁉　自衛官は粗悪品しか支給されないのか！」

と憤る人もいますが、決してそうではありません。支給品のすべてが粗悪品というわけではなく、物によっては、すぐれた支給品もたくさんあります。

一方で、2着しか支給されないシャツだけで2年間勤務することは無理ですし、革手袋などのなくしやすい物品は、追加購入するしかありません。また、腰や膝をサポートするアイテムまで支給されるわけではないので、そういうものが必要な人は、私物品を購入してカバーします。

　そうした理由から、駐屯地の購買では、さまざまなアイテムが売っています。その品ぞろえはとても多く、たとえば、革手袋だけ見ても、５００円から５０００円以上まで幅広いラインナップがあります。ただし、５００円の通称「ゴム手袋」と呼ばれるアイテムを買うと、作業する際の手の保護にはなりますが、しばらく使うとすぐにボロボロになります。一方、高級な手袋は、整備員の細かい機材整備に対応できたり、戦闘員用にプロテクターが付いていたりします。

　これだけ聞くと、「高いやつを買って大切に使えばよい」と思うかもしれませんが、革手袋は消耗品なので、結局、ボロボロになることはまぬがれません。まだ使えるのに片方だけ紛失してしまうこともよくあります。そうなってくると、折衷案で１５００円くらいの革手袋がよく選ばれます。

　なお、私物の迷彩服は、耐熱・耐赤外線などの効果がないので、現在では禁止されていますが、過去には、「ノーアイロン」と呼ばれるアイロンがけしなくてもパリッとしている戦闘服が隊員の中で人気でした。まさに、「訓練で楽をしたければ、物品に金をかけろ」の極みみたいなアイテムですが、燃えやすい素材だったので、引火すると非常に危険なため禁止になりました。

ちなみに、米兵の戦闘服はノーアイロンではありませんが、「戦闘で泥だらけになる戦闘服に、わざわざアイロンを掛ける」という無駄な行為はしないので、ノープロブレムです。

何がどこまで認められるかは、部隊や職種や地方によって違うので、一概には言えませんが、一般的に戦闘職種は自由度が高いです。

私物の戦闘服は禁止されていますが、戦闘服につける肩当てだったり、撃ち終えて空になったマガジンを入れておくダンプポーチだったり、カラビナなどは、入隊当初に配属される教育隊を除き、比較的自由です。部隊によっては、サングラスや、銃に取り付けるアクセサリー（照準器など）が認められています。防衛省広報の写真で、特殊部隊風の格好をしている隊員は、私物が多いと考えてもいいでしょう（官品だけの隊員は見た目がさっぱりしています）。

迷彩服と違って私物が許されているのが、雨衣（かっぱ）です。雨衣は官品と**ゴアテックス**の私物とでは、快適度が天と地ほど違います。

熱くて蒸れてすぐ臭くなるのに雨がすぐに染み込む官品と違い、ゴアテックスは通気性・肌触りが良く、雨を完全に遮断します。その快適度の差は、軽トラの荷台と新車のレクサスくらいの差になります。

　ゴアテックスの雨衣を買った新隊員は、同期に差を見せつけたいので、雨になると喜ぶ犬みたいに、雨が降りそうになるとソワソワし始めます。

　他にも、「寝袋」「双眼鏡」「コンパス」「懐中電灯」「ナイフ」なども私物で購入することが多く、なんだかんだでお金がかかることが多いです。陸上自衛官は、身銭を切ることがどうしても多くなりがちなので、もう少し手当がつくといいですね。

靴下には金をかけろ

　陸上自衛隊では行軍をよく行いますが、空挺団や幹部候補生学校などで行われる１００km行軍では、疲労以上に**足のマメ**に苦しむことがよくあります。マメができるのは、足が蒸れることによって発生する素足と靴下と靴の中敷きとの不協和音が原因です。

行軍中にマメができると、「ちょっと靴が合わなくてマメができた」というレベルではなく、**足の裏に特大のスーパーボールがめり込んだ状態で歩くくらいの痛み**を感じます。このような状態になると、隊員たちは血の涙を流しつつ、この痛みに耐えながら行軍しなければならなくなります。

一度、この痛みを知ると、どうにかして次は特大のスーパーボールの痛みを避けたいと思うようになります。そうすると、自ずと**高級な中敷きや靴下を買おう**という気持ちになります。

一般的に、良い靴下と中敷きを買うと、特大のスーパーボールから小梅の種くらいまで痛みを減らすことができます。ですが、人によって合う・合わないがあるので、「何が最適なのか」という論争さえ起きます。一般的には登山用の靴下や中敷きが最良とされていますが、現在は行軍用の靴下やインソールなどもあるので、好みに合わせて隊員は調整しています。

一度も行軍でマメができたことのない私の同期は、「5足で1000円の靴下が最強！」と言っていました。ただし、それは単純に彼の足の皮がめちゃくちゃ強いから、

５足で１０００円の靴下しか履いたことがないだけの話です（くるぶしソックスで乗り切る強者もいました）。この手の人の話を信じてしまうのは、やめた方がいいですね。

リュックには直接物品を入れない

陸上自衛隊に入隊すると、新隊員は「**防水処置**」について学びます。これは文字通り、「**物品を濡らさない**」ための工夫です。

たとえば、登山やハイキングに行くときに、持ち物を何の工夫もせずに普通のリュックに入れていると、当日雨が降ったらリュックの中にも雨がしみ込み、持ち物が濡れてしまい、準備のすべてが無駄になることがあります。**特に衣類は濡れやすく注意が必要**です。雨に濡れているのに着替えがないと、体温が奪われますし、悲しい気持ちになって心が折れそうになります。

そのような事態を防ぐために、陸上自衛隊では**リュックには直接物品を入れませ**

ん。大きなビニール袋を内部に入れ、内部の防水処置をします。

そして、下着やタオルなどをチャック付きの袋（ジップロックなど）に個別に分けます。このような対策を行うことで、着替えが濡れるリスクを最小限にできます。

また、チャック付きの袋を使用することによって、かさばる衣服を圧縮でき、リュックのスペースが増えて物品を多く入れることができます。さらに、個別に分けた袋にガムテープを貼り、そこに「1日目　シャツ」などと書いておくと管理が楽になります。ツーリング、キャンプ、登山などでも役に立つので、ぜひ試してみてください。

余談ですが、陸上自衛隊の訓練のときに、訓練場によくある泥水の水たまりを新隊員が避けると、

「**人間は完全防水だから気にするな！**」

と班長に言われます。

とはいえ、冷えると体調を崩すので、できるかぎり濡れない方がいいですね。

食器にはポリ袋をかける

陸上自衛隊では、隊員に飯盒《はんごう》を貸与し、食事の際に活用します。一般的に飯盒と聞くと、ご飯を炊く道具というイメージが強いですが、陸上自衛隊では、主に食器として活用します。

なお、飯盒を食器として使用する際は、必ずポリ袋（キッチンポリパック）をかけます。なぜかというと、**ポリ袋をかけると食器を洗わなくて済む**からです。食器を洗うためには大量の水と洗剤が必要であり、工数もそれなりにかかります。水は貴重品ですし、洗剤を地面に流すと自然環境破壊にもつながります。

かといって、食器を洗わないでいると、食べ残しが腐敗したり、嫌な臭いがただようなど、衛生上の問題が起こります。

そこで、食器にポリ袋をかけて食べれば、食べ終わった後はポリ袋を外して捨てれば、食器を洗う必要がなくなります。すぐにポリ袋を捨てることができなくても、紙皿などとは異なり、ポリ袋を小さく丸めて縛っておけば、臭わず、かさばることもありません。難点としては、少し食べにくいということですが、食器を洗う工数を考えれば大きな問題ではないでしょう。

災害時だけでなく、キャンプや登山にも役に立つライフハックですので、ぜひ試してみてください。

人里離れた場所では防虫対策は必須

野外行動では、**防虫対策**が必須になります。私が普段生活している住宅街には、そこまで虫はいません。しかし、**人里離れた地域の虫たちの数は半端じゃありません**。脅威そのものであり、都市部や住宅街で生活している人たちは、自分たちの日常生活の虫のイメージで山などに行くと、間違いなく後悔します。

都会の虫は、人が来ると逃げますが、山奥の虫たちは、人に出会ったことがないためか、アグレッシブに襲いかかってきます。私は、無人島で蚊の大群に襲われたこと

があります が、そうしたところの虫たちにとって、人間は脅威ではなく、ただの動物です。牛や豚と同じ扱いをされます。

特に自衛隊の演習場は虫のパラダイスであり、**蚊、アブ、ハエ、ハチ、マダニ**などが、ありえないくらいいます。何も対策をしていないと痛い目を見ます。夜間行動はもちろんのこと、仮眠のときでさえ蚊の大群に襲われ、ほとんど眠ることができず、疲労が取れません。ストレスレベルも大きく高まり、常にイライラしてしまうので要注意です。

ここで、防虫対策についていくつか紹介しましょう。

防虫対策① ハッカ油

陸上自衛隊では、市販の防虫スプレーを使用することが多いですが、ハッカ油を虫除けとして使う人もいます。

ハッカ油とは、ハッカソウ（ミント）を乾燥させて抽出した植物油のことです。ハッカ油には防虫効果があるため、スプレー容器に入れ、身体や服にふりかけておくと虫が来なくなります。テントの入り口などに吹きかけておくと虫が入って来なくなります。

また、ハッカ油は消臭効果や冷感効果などもあるため、お風呂に入れない環境でも気分転換を図ることができます。値段も1000円程度と高くありません。

防虫対策② 蚊取り線香

夏場の仮眠には、**蚊取り線香**が必須です。やや古典的ではありますが、蚊取り線香を焚いていると、煙で虫がやって来なくなるため、効果は絶大です。テントなどで眠るときは、焚いておくといいでしょう。

防虫対策③ 虫除けネット

虫から物理的に守るアイテムとして、顔にかける**虫除けネット**があります。長袖、長ズボンを着用し、虫除けネットを頭にかぶれば、虫刺されなどを防ぐことができます。虫除けネットをかぶっておけば、「顔に蚊がやってくるので、うるさくて眠れない」という悩みをほぼ解決することができます。

軽量かつ、かさばらないので持っておくといいでしょう。

防虫対策④ タバコの煙

何も準備をしていない場合の応急処置として、**タバコの煙**を吹きかけるなどがあります。喫煙者に、「ちょっとタバコの煙をかけてくれ」と頼み、服にタバコの匂いをなじませます。そうすると煙の臭いで虫がやってこないと言われています（個人的には気休め程度の効果のように思えますが……）。

やらないよりもマシという程度でありますが、虫に困ったときはやってみるのもいいでしょう。

ヘッドライトとメッシュベスト

日常ではあまり使わないアイテムですが、災害時の備えとして、**ヘッドライト**と**メッシュベスト**を持っておくことをおすすめします。

ヘッドライトは、夜間の避難や物品捜索に役立ちます。一般的な懐中電灯を使用すると、手がふさがってしまい、作業効率が下がります。ですが、ヘッドライトを使用すれば、両手が使えるようになり、手元が照らされ、ストレスなく作業することができます。夜間に避難するときも、自分の進む方向が常に照らされるので、懐中電灯のように手で進行方向を照らす必要がなくなり、気が楽になります。

メッシュベストは、ポケットがたくさんあるため、財布、スマホ、充電器、予備のライト、非常食、ホイッスルなどのアイテムを収納でき、すぐに取り出すこともできます。利便性を求めるのであれば、メッシュベストは機能的に優れているので1着は持っておくといいでしょう。

自分が歩ける距離を知っておく

大震災が発生したときには、交通機関がストップし、徒歩で帰宅せざるをえない状況が発生することがあります。そのような状況下で、「よし、今日は歩いて帰ろう！」と**何も計画せずに軽い気持ちで徒歩で帰宅することは危険**です。無計画の軽い気持ちで帰るくらいなら、その場にとどまっていた方がマシだからです。

徒歩で無事に帰宅するには、事前の計画、準備、工夫が必要です。なぜかというと、帰宅時に２次災害を起こしてしまうことがあるからです。帰宅の途中に体力の限界で歩けなくなる、熱中症や低体温症で搬送される、などの２次災害を起こさないことが大切です。

そのためには、日ごろから、「**自分が歩ける距離**」**を知っておく**ようにしましょう。内閣府防災情報によると、10㎞以内は全員完歩、10㎞以上からは帰宅困難者が発生し、20㎞以上は全員帰宅困難としています。

東京駅を起点にすると10㎞、20㎞は次の駅が該当します。

◎10㎞＝綾瀬駅、中野駅、下北沢駅、大井町、葛西駅
◎20㎞＝新松戸駅、三鷹駅、登戸駅、川崎駅、船橋駅

ただし、これは直線距離での計測になるので、実際のルートではさらに距離が伸びます。

マラソンや登山などが趣味で、日ごろから長距離を移動することに慣れている人は、「20㎞以上でも余裕だよ!」と思うかもしれません。ですが、震災後は路面状況の悪化、橋の崩壊、崖崩れなどが想定され、迂回路で迷子になる可能性もあります。体力に自信がある人でも、20㎞という距離を一つの目安にした方がいいでしょう。

いずれにしても、グーグルマップなどで一度、自宅と職場、自宅と学校など、日ごろの通勤・通学経路の距離を検索してみることをおすすめします。

その際の注意ですが、GPSの出す最短経路には細い道が含まれていることがあります。細い道は、塀や家屋が崩れ落ちていたりして、通れなくなる可能性があります。また、都市部では、人が殺到して群衆事故を起こすことも想定されます。そうした事

態を防ぐためにも、できるかぎり、**広くて大きい道を通る**ようなルートを選定してください。

いざというときの徒歩帰宅の備え

徒歩帰宅に必要な事前準備の物品についてお伝えしましょう。

オフィスにスニーカーと替えの靴下を準備しよう

「なんとか徒歩で帰宅できそうだな……」と考えている人は、オフィスに**スニーカーと替えの靴下**を準備しておきましょう。理由は、靴擦れを防ぐためです。歩行中に靴擦れができるとマメができ、マメが破けてしまうと激痛で歩行困難になります。

私も自衛隊時代にマメが潰れた経験がありますが、一歩一歩踏みしめるたびに、この世の終わりのような痛みで心が折れそうになりました。ですので、革靴やパンプスで歩いて帰ることはおすすめしません。

靴下は、登山用の厚手のものを2足準備しておくといいでしょう。１足目は出発時に履き替え、２足目は休憩時に履き替えてください。足の裏はよく発汗するので、汗で湿った靴下を履いていると、靴擦れの原因になるからです。

また、靴擦れになってしまったときのことも想定して、**絆創膏**なども準備しておくといいでしょう。

携行食を準備しよう

歩くとお腹が空きますし、疲れてくると気持ちが暗くなるので、**携行食**を準備しておくといいでしょう。

まず準備すべきは、**塩分補給の携行食**です。発汗すると身体からミネラルが抜け、神経や筋肉の機能低下につながります。**塩タブレット**や**梅系のお菓子**を常備しておきましょう。また、ゼリー、チョコレート、キャンディー、長期保存できるようかんなどを準備し、心が折れそうなときに食べると元気が出ます。甘味は心の栄養にもなるので、好きなものを選んでおきましょう。

飲み物を準備しよう

水分はあればあるほどいいですが、その分荷物が重くなり、体力が奪われます。被災時には、「災害時帰宅支援ステーション」などで補給を受けることができますので、準備する水分量は、最低限５００㎖のペットボトル２本ほどでも問題ないでしょう。**１本はスポーツドリンク、もう１本はミネラルウォーター**が良いでしょう。ミネラルウォーターは傷口などを洗うことができ、スポーツドリンクよりも汎用性が高いからです。

手提げカバンではなく、リュックにしよう

普段、手提げカバンで通勤している人は、徒歩帰宅で長時間歩くとなると、腕への負担が大きくなり、体力を消耗します。

オフィスから徒歩で帰宅することを想定している人は、**オフィスに災害用のリュックを準備**することをおすすめします。腰ベルトがあるものだと、より負担が軽減されます。

災害用のリュックに替えの靴下や携行食、飲み物はもちろん、ポンチョ、携帯ラジオ、コンパス、水筒、懐中電灯、いつもメガネをかけている人は予備のメガネ、スマホバッテリーなどの物品も準備して入れておくといいでしょう。

体力を温存し無事に帰宅できる方法

次に体力を温存し、無事に帰宅できる方法についてお伝えします。

気候・天候を見極めよう

徒歩で長距離を移動するときには、**気候・天候**をよく見極めた方がいいでしょう。同じ10㎞であっても、「15度前後の小春日和」と「30度を超える猛暑日」では強度がまったく異なります。気温が5度以下になると、帰宅中の休憩時に熱が奪われ、低体温症になる恐れがあります。

天気の変化にも注意する必要があります。雨天になると体温が奪われ、心も折れてきます。身体を鍛えている陸上自衛官でさえ、猛暑日や雨天に行軍をすると、脱落者が発生する確率が高まります。空模様が怪しければ帰宅しない方がいいでしょう。

同じ道を歩く人を探そう

もし、職場に自宅と同じ方向に帰る人がいたら、一緒に帰りましょう。

アフリカのことわざに、「**早く行きたければ、一人で進め。遠くまで行きたければ、みんなで進め**」とあります。

仲間と話しながら帰ることで疲労が和らぎますし、「休憩中に荷物を見てもらえる」「いざと言うときに助けを呼んでもらえる」などの精神的な安心感につながります。

もし、同じ方向に帰る人がいない場合は、**人通りが多い広い道**を選んで歩いてください。連帯感を感じることができますし、近くに、「この人は信頼できそうだな」という人がいれば話しかけて一緒に帰るのもいいでしょう。

また、災害後は治安の悪化が予想されるため、**人気のない裏道などを一人で歩くのは絶対に避けてください**。

50分歩いたら10分休憩しよう

可能なかぎり、**50分歩いて10分休憩する**ペースを維持してください。これは自衛隊の行軍の休憩ペースです。休憩時には靴を脱いで足を乾かす、服をゆるめて熱を発散させる、座ったときにリュックなどに足を上げて、むくみを解消したりしてください。ただし、ここで眠くなっても、**眠るのはできるかぎり避けてください**。眠ると身体が冷え、筋肉が硬くなり、休憩明けに「だるい」と感じるようになるので注意してください。

水を飲みすぎない、塩分を補給する

水分補給は大切ですが、**1回に飲む量はコップ1杯程度**、500㎖の3分の1のライン、**150〜250㎖**を意識してください。

歩くと喉が渇き、500㎖のペットボトルを一気飲みしたくなりますが、多量の水分を摂取しても身体が吸収できずに汗や尿として流れ出てしまいます。その際に**体内のミネラルも失われる**ので、低ナトリウム血症になる可能性があります。失ったミネラルを補給するためには、塩タブレットや梅系のお菓子を食べるといいでしょう。**多量の水分を飲み、多量の汗をかくと想像以上に体力も奪われます**ので、水分については自制心を持って飲むように心がけてください。

また、**空のペットボトルは捨てずに持っておきましょう**。水道が生きていれば水分補充ができますし、水害が発生したときには、「浮き」としても役に立ちます。

被災時に徒歩帰宅をすることは、それなりにリスクがともなう行為です。自信がなければ、無理に帰らずに、オフィスや避難所にとどまることも賢い決断だと考えてください。

災害のときこそ、パニックにならず落ち着いて適時適切に判断することが、身を守るポイントです。

災害時はキャッシュレスより現金

最近はキャッシュレス化が進んでおり、現金を持たなくても買い物ができる店が多くなりました。しかし、**現金をまったく準備していないと、災害時には困ったことになる**ので要注意です。

金融システムが停止すると、ＡＴＭでの引き出しができなくなり、店舗もキャッシュレス決済不可になる可能性が十分にあるからです。実際に、２０１８年の北海道地震では大規模な停電が発生し、ＡＴＭが稼働しなかったことがありました。停電が発生しても、一部の店舗などは営業を継続することがありますが、現金がないと買い物をすることすらできません。

また、必要な物資が切れたときに、**現金があれば、余剰物品のある人にお金を払って食料や生活必需品と交換してもらうことが可能**です。しかし、現金がないと、「じゃ、電子マネーで」というわけにはいきません。

現金を準備するときに気をつけておきたいことは、１万円札などで準備していると

「お釣りがない」と断られてしまう可能性が高いため、**1000円札や小銭で準備**をしておいた方がいいでしょう。

キャッシュレス決済は便利ですが、災害時にはその利便性はすぐに失われます。使う機会がなくても、**現金は常に一定額持っておく**ことをおすすめします。

自宅が被災したら被害状況を撮影しておく

自宅が被災したときには、片付けや修繕を始める前に、その**被害のすべてをまず写真で撮っておいて**ください。外壁や屋根などの破損場所はもちろんのこと、車が浸水していれば、車の写真も撮影しておきましょう。もし、自分の物品ではないタンスや家電製品が流れてきた場合も、それも撮影しておきましょう。

理由は、**罹災《りさい》証明書の申請に必要**になるからです。被災後に公的支援（被災者生活再建支援制度、住宅の応急修理、災害援護資金など）を受けるために、被害状況を撮影しておく必要があります。

その際、自分の私有地に流れ着いた他人の物品の状況も撮影しておくと、後々のトラブル予防にもなります。

被災し、自宅に被害が出ていると心が折れそうになりますが、そういうときこそ、冷静に被害箇所を確認・撮影しておきましょう。

第3章

自衛隊に学ぶ「自己防衛・自己保全」

護身術の極意は「危ないところに行かない」こと

世の中には、「暴漢に襲われたらどう対処するか」という護身術が多くあります。ですが、**護身術の極意は「危ないところに行かない」こと**だと思います。治安の悪い繁華街や、深夜の人気のない道などを避けるだけで、暴漢に襲われるリスクは大きく減ります。

自衛隊でもそれは同じです。自衛官は決して、あえて危険なところに飛び込む命知らずではありません。敵の監視網や敵の砲弾の届く距離などを綿密に計算して、最も安全に行動できる最善の手段を常に考えています。つまり、極力危険は排除して、それでも必要があるときのみ、手段を講じるのです。

もしも、暴漢に襲われたときは、「**逃げる**」という選択肢が基本です。暴漢は興奮状態にあることが多く、痛みを感じにくくなっているため、素人の打撃では効果が出にくく、かえって相手を刺激することになりかねません。

また、相手は何を持っているかわかりません。**興奮した相手がナイフで襲いかかっ**

てきたら、まず素手では勝てません。

陸上自衛隊の格闘においても、「ナイフの対処術」などを訓練しますが、防弾・防刃チョッキを着用しない場合ではリスクがかなり高まります。知り合いの格闘教官でさえ、「ナイフを持ち、興奮した暴漢に勝てる確率は五分以下」と語っていたので、素人ではまず勝てないでしょう。つまり、ナイフを持った素人は格闘教官並みの戦力があるということです。

ちなみに、国際人道法にもとづくと、平時において駐屯地に特殊戦闘員１名がナイフのみで攻撃してきた場合においても、小銃を持った一般的な戦闘員と同格かそれ以上の戦闘力を持っていると考えられるため、小銃で射殺しても非人道的行為として見なされないと法律専門の教官から教わったことがあります。

つまり、ナイフ一つでも使い手によっては小銃以上の武器になりうるということです。なので、ナイフを持った暴漢に勝つことは、素人では無理でしょう。

余談ですが、暴漢の「刺すぞ」「殴るぞ」という発言は、「刺したくない」「殴りたくない」という相手の意思表示であると言われています。本当に危害を加えるつもりであれば、何も言わずに殴ってくるからです。

格闘教官は、「威嚇すると相手にアドレナリンが出て殺傷効果が下がるから、リラックスしているところに首の太い血管に一撃入れて、一瞬でキメるのがプロだね」と語っていました。つまり、威嚇とは犬が喧嘩したくなくて吠えるのと一緒ということです。

それでは、暴漢に襲われたときの対策について紹介しましょう。

護身術① チャンスがあればすぐに逃げる

戦うことを考えてはいけません。まずは、とにかく**逃げ道**を考えてください。少しでも走ることができれば、場所が変わり、状況が変わる（人通りが多い、道が開けている）ので、チャンスが生まれます。

護身術② 相手から目をそらさない

動物は、本能的に同類を殺すことが難しいと言われており、目が合っているかぎりは心理的な抵抗が働きます。また、目を見ることで相手の行動をある程度把握することができます。

しかし、おびえて目をそらし、不用意に背中を向けてしまうと、相手にとって「獲物」になります。怖くても可能なかぎり、**相手の目を見ましょう。**

護身術③　人を呼ぶ

人通りがあるところならば、「**助けてくれ！**」と被害者であることを大きくアピールしましょう。恥ずかしがる必要はありません。人が大勢来ると、暴漢の気持ちが冷め、相手の方が逃走する可能性が高まります。

護身術④　相手を笑わせる

他に手段がなく、どうしようもないときは、「**相手を笑わせる**」が最終手段です。

私の知り合いの大学教授は、ニューヨークでピストルを持った4人組ギャングに車で拉致されたとき、「**もう、どうせ死ぬのなら、ジョークの一つでも言ってやれ**」と思って、

「**ここで死ぬのは私の運命だと思うが、せめて死ぬ前に、寿司を食べさせてくれないか？　ニューヨークの寿司が日本と比べてどんなにマズいか知りたいんだ**」

とアメリカンジョークをかましたところ、相手にバカウケして、そこから気分が良

くなってジョークをくり返したところ、お金も取られずに解放されたことがあるそうです。

格闘教官も、「戦時中でない状況なら、バカを演じて相手の敵意を失わせる手段も有効」と言っていたので、最終手段としてはいいのかもしれません。

護身術⑤　自分が笑う

危険なときに、**あえて笑う**と、自分の気持ちに少し余裕が出ます。そのうえで、どうすれば良いか考えましょう。ただし、相手に逆上される可能性もあるので、最後の手段にしておきましょう。

暴れている人には一人で対処しようとしない

車に180km制限が付いているのと同じように、人間にも「**リミッター機能**」が付いています。１００％の力を発揮して身体を動かしてしまうと、筋肉や骨に大きな負担がかかり、ケガをしてしまうからです。意識的に「これが全力だ！」と筋力を発揮しても、筋力はまだフル活用されていないため、意識的には全力を出すことが難しいとされています。

しかし、意識的には全力を出せなくても、**ピンチになるとリミッターが外れて、信じられないほどの力を発揮**することがあります。それが、**火事場の馬鹿力**です。「**生きるか死ぬか**」の状況になると、アドレナリンが大放出され、潜在的な運動能力が開放されるため、普段では出せない力が出るのです。

災害に遭ったときに、大きな冷蔵庫を一人で運んだり、ケガ人を担いで走ったりと、日常ではありえないパフォーマンスを発揮することができます。

一方で、こうした力は、たとえば**追い詰められた犯罪者**も発揮することがあります。**興奮状態にある麻薬中毒者**なども、ありえない力を発揮するため、いつも鍛えている警察官でも一人では抑えることができないと聞いたことがあります。

もし、あなたに護身術の心得があっても、街中で暴れているような人に対応するのはかなり危険です。相手がどんなに弱そうであっても、極度の興奮状態で暴れている場合は、決して油断してはいけません。一人で対応すると、大ケガをするどころか、命を落としてしまう可能性があります。

医療関係者から聞いた話では、せん妄状態にあるおじいさんや、てんかんの発作を起こした少年は、すさまじいパワーで暴れるため、複数人で全力で抑えないと対応できないそうです。

リミッターの外れた人間の力は、常人の域を超えているため、相手の力を見た目だけで判断することはやめた方がいいでしょう。素手で対応が難しいのはもちろんのこと、口径が小さくパワーの弱い拳銃では、相手を撃っても倒れずに、そのまま襲いかかってくることさえあります。

特に恐ろしいのは麻薬中毒者です。恐怖心が一切なくなり、フルパワーで襲いかかってくるゾンビのような麻薬中毒者には、複数の警察官による射撃をし、一撃で仕留めないと危険と言われています。

暴れている人間は、すぐに倒せると思わず、複数人で対応してようやく取り押さえられると覚えておいてください。

護身武器として便利な「催涙スプレー」

なお、私が考える最大の護身武器は、「**催涙スプレー**」です。

陸上自衛隊では、「ＮＢＣ兵器（Nuclear weapon ＝核兵器、Biological weapon ＝生物兵器、Chemical weapon ＝化学兵器）」の教育を全隊員が受けます。

新隊員は、ガスマスクと催涙ガスの威力を実感するために、催涙線香（人体には無害）を焚いたテントにガスマスクを着けて入ります。

そして、教官の「外せ」という合図で外します。

新隊員は、刺激煙により涙と鼻水で顔中がぐしゃぐしゃになり、もがき苦しみます。

この経験をした私は、「**催涙剤は強い**」と実感しました。どんなに鍛えられた人間であっても、粘膜を刺激する催涙剤は効果的です。予想外の攻撃に暴漢は悶絶することでしょう。

ただし、催涙スプレーは、不用意に屋外で持ち歩くと、軽犯罪法に抵触する可能性があります。軽犯罪法には、「正当な理由がなくて刃物、鉄棒その他人の生命を害し、又は人の身体に重大な害を加えるのに使用されるような器具を隠して携帯していた者」という条項があるからです。

ですので、持ち運びの際は「正当な理由」が必要になります。自宅での護身用であれば、正当性は認められるので、女性の一人暮らしなどでは持っておくといいでしょう。

なお、催涙スプレーがなくても、人間は制汗スプレーでも殺虫剤でも目にかけられたら単純に染みるので、一瞬ひるみます。そのスキに逃げるのも手です。

住んでいる地域を現地偵察しよう

自衛官は、現場に地図を持って来て、その土地の経路や危険地域、地盤などを自分の目と足で調べていきます。これを「**現地偵察**」と言います。

地図上では問題のない経路であっても、実際に足を運ぶと、オンボロの橋だったと

コー
コー
コー
ホー
外せ!!
ひぃぃっ!

か、地面がぬかるんでいて車両が通れないなどの状況がわかることがあります。つまり、どんなに事前の情報がたくさんあっても、**自分の目で実際に見ないと実情はわからない**ということです。

あなたが今、住んでいる地域も、地震や大洪水が発生すると、土砂崩れの危険性の高い場所や、通れなくなる道は必ず出てきます。そうした状況をイメージしながら近所を歩いてみると、きっと発見はあるはずです。

各自治体は、洪水ハザードマップや、土砂災害ハザードマップなどを配布しているので、そのマップを持って実際に歩き、「ここは危険そうだな」と確認するのもいいでしょう。

ただし、**ハザードマップは絶対ではありません**。調査には限界があるため、暫定的なものにすぎないのです。たとえば、東海大学の阿蘇キャンパスは1973年に建てられましたが、断層の直下にあったため、2016年の熊本地震で甚大な被害を受けました。つまり、1970年代の技術だったとはいえ、大学のキャンパスでさえも、建設する際に想定外の災害を見積もることは難しかったのです。

ハザードマップを過信することなく、家の耐震補強などは十分に行うべきでしょう。例にあげた東海大の阿蘇キャンパスも、耐震補強していた部分は崩壊が少なく、行っていなかった部分は顕著に崩れたそうです。

防災に対する情報は絶対的なものではないので、あくまでも暫定的なものとして考えておきましょう。

治安は張り紙でわかる

転職や引っ越しなどにより、新しい環境に移ることを考えている人は、その環境を判断するために**張り紙を見る**のがおすすめです。**張り紙は治安や民度のバロメーター**だからです。

そもそも、みんながルールを守り、常識的な行動をしていたら、張り紙を貼る必要などありません。**張り紙が貼られているということは、「ルールが守られていない」という証拠**です。

まず、職場ですが、

「貴重品をしっかり管理しよう」

「明るく挨拶をしよう」

と書かれているようであれば、「貴重品が紛失したことがある」「挨拶が少ない」と考えていいでしょう。

さらにひどい職場になると、「いじめはやめよう」や「飲酒禁止」などの張り紙が追加されます。そのような張り紙がある会社への就職はよく考えた方がいいでしょう。

次に賃貸物件を借りる際の話をしましょう。まず、マンションのロビーに、

「夜中は小さな声で話しましょう」

「ドアは静かに閉じましょう」

と大きく書いてあったら要注意です。まったくマナーを守らないうるさい住人がいるか、非常に神経質な住人がいる可能性が高いです。「不法投棄厳禁」や「しょんべんするな」などの張り紙がある物件や、複数の外国語で強い口調で注意書きがある物件は、治安が良いわけがないので避けた方がいいでしょう。

また、近所の公園に「飲酒するな」「寝るな」「火気厳禁」「痴漢はすぐに通報して

ください」「ゴミを捨てるな」などの張り紙が多い場合は、「不審者が多い」と考えていいでしょう。ついでに言うと、近所の電柱に闇金の張り紙が多い場合も要注意です。

張り紙はバロメーターですので、新しい場所に行ったときは見ることをおすすめします。

ちなみに海外派遣や出張を経験した自衛官から、「**少しでもゴミの多い通りは避けろ**」と聞いたことがあります。通りが一本違うだけで、別世界のレベルで治安が悪くなることもよくあるそうです。治安が安定している地域でも、**不穏な空気**を感じるようなら立ち入らないのが吉でしょう。

ネコで分かる治安の良い地域の見分け方

一方で、治安の良い地域の見分け方ですが、近所の**ネコ**と目が合ったときに「にゃお」と言って近寄ってくるようであれば、治安はかなり良いです。

警戒心の強いネコが、見知らぬ人に近寄ってくるということは、地域にネコをいじめる心の荒んだ人がおらず、住んでいる人たちの心が温かいという証拠になります。

こちらも判断基準の一つとしておくと良いでしょう。ただし、もちろん例外はありますので、あくまでも総合判断してください。

夜は敵が強くなる

RPGゲームなどでは、「**夜になると敵が強くなる**」という設定がよくあります。実は、現実世界でも同じです。

治安の良い日本にいると実感できませんが、開発途上国などに行くと、夜中に急激に治安が悪化することを実感できます。善良そうな人はいなくなり、目のギラギラした男たちが街を支配するようになります。日中にはいなかったチンピラ、薬物中毒者、酒乱などが現れるため、**極力、夜間は外出しないのが鉄則**です。

にゃ〜お

インドのガンジス川沿いにあるヒンドゥー教最大の聖地バラナシは、岸辺の火葬場で1日中死者が焼かれ、遺灰が「母なるガンジス川」へ流される光景でも知られています。一方で、バラナシでは、「**人が消える**」噂が絶えません。「夜に殺されて、朝に火葬されて、川に流される」という話さえあります。

世界には、**警察とマフィアが手を組み犯罪が揉み消されてしまう国**がたくさんあります。こうした国で、夜中に襲われたら命の保証はありません。そのまま行方不明者として扱われてしまうからです。

なお、海外では、トラブルに巻き込まれた際は、「**戦ってはいけない**」「**殴り合いの喧嘩をしてはいけない**」**が鉄則**です。

バッグを取られたときや、ぼったくりにあったときに、「弱そうな相手だから」と反撃したりすると、隠し持っていたナイフで刺されたり、銃で撃たれることがあります。また、翌日あたりにバットで後ろから殴られることもあります。

ぼったくられることや盗まれることは悔しいですが、「**仕方ない**」と思うことが肝心ですね。

また、世界各国の軍隊において、特殊部隊や偵察部隊などが強くなる（有利になる）

のが夜です。そのため、夜間こそ警戒体制を厳正に行わないと、不意打ちされて少数の敵に壊滅的打撃を加えられてしまう可能性があります。

夜間は人間だけでなく、動物たちも姿を変えます。特に危険なのが**野犬**です。野犬は人が多い日中はおとなしく寝ていて、起きていても人に危害を加えることはほぼありません。しかし、夜間になり、街を出歩いている人の数よりも犬の方が多くなると、急激に凶暴化します。あちらこちらで野犬同士が喧嘩し、集団で人に襲いかかることさえあります。

野犬は日中と夜間では姿を変えるので、野犬が多くいる地域は、夜間出歩かないのが得策でしょう。

秘密保全・情報保証を心がける

自衛官として勤務をするうえで、口すっぱく指導されることの一つに、「**秘密保全・**

情報保証」があります。ミサイルの射程など機材の性能に関することはもちろんのこと、部隊の実情・活動なども部外秘となります。「流行の感染症になった」などの隊員のSNSへの投稿も、「その部隊で感染症が流行している可能性が高い」という推測ができるため、避けなくてはいけません。

特に海上自衛官の場合、「**今日出港し、佐世保に行く**」などの投稿を隊員がSNSにしてしまうと、艦艇の動きが他国に丸わかりになり、国防の穴となってしまいます。

また、自衛官の場合は、「**ハニートラップ**」があるので要注意です。若い女性が自衛官に近づき、必要な情報を抜き取るという諜報活動です。**どんなに仲が良くても、秘密保全に関わることは話してはいけない**のが自衛官です。ちなみに、私の本も秘密保全上、問題ないことしか書いていません。

そして、**情報保証**とは、コンピュータウイルスなどによる情報流出を防ぐため、コンピュータなどの端末を厳正に取り扱うことです。端末からデータを盗まれると、多くの機密情報が漏洩するため、組織として大きな損害を受けることになります。単純で地味な作業ですが、重要度が極めて高い業務です。怠ると致命的な状況に陥ります。

さらに、「**隊員保全**」という考え方もあります。自衛官は常に他国の諜報機関の脅威にさらされています。過去にはロシアの駐在武官が、隊員の弱みに付け込んで芋づる式に情報を盗み出していた事件もあります。隊員がハニートラップや諜報機関のターゲットにならないように、**隊員の個人情報の管理**などは特に厳しくしなければいけません。

加えて、一般の人には理解できないようなことが重要な秘密の手がかりになったりもします。諜報機関は一つの重要な情報を盗み出すのが難しくても、ジグソーパズルのように少しずつ情報を集め、一つの大きな秘密を盗んでいくことがあります。

かつては、自衛隊が利用する施設の従業員が反自衛隊派のスパイだった事件もあります。公共施設の従業員が盗み出せる情報なんてきっと少しだったのでしょうが、その小さな情報が溜まっていくと一つの巨大な情報になるのです。

会話に暗号を用いる

隊員同士で、やむをえない事情により業務上のやり取りをアプリで行う場合は、あらかじめお互いしかわからない**暗号**を使うケースもあります。

あくまで一例ですが、

「中島さんが元気」＝「異常なし」

「中島さんがご機嫌斜め」＝「異常あり」

など当人同士のやり取りでしか理解できない内容にしてやり取りを行うことがあります（もちろん、他にもさまざまな方法がありますが割愛します）。

自衛官ほど厳しくなくても、私たちの日常生活でも「秘密保全・情報保証」を心がけるに越したことはないでしょう。業務に関する情報はもちろんのこと、現代では「SNSの炎上」が身近であり、脇が甘いと思いがけないトラブルに巻き込まれることがあるからです。

○自分の貯蓄や収入に関することは簡単に話さない。
○勤務先について簡単に話さない。
○変な写真は撮らない、撮らせない。
○SNSのコメントに気をつける。
○仲が良くても変なやり取りをLINEなどでしない。
○初対面の人には、必要以上の情報は話さない。

また、**職場の人には「秘密の話」を絶対にしない**ことを心がけてください。あなたが飲み会などで上司や同僚に「これは秘密ですが……」と話した内容は、**あなたがいない別の飲み会で暴露される可能性が極めて高い**です。職場の人には「社内全員に知れ渡っても問題ない」という話だけにしておきましょう。

みなさんも秘密保全・情報保証には気をつけてください。

ショッキングな事件の情報を求めすぎない

大災害や大事故などの衝撃的なニュースが発生したときは、誰しも不安になり、真相を知りたくなるものです。「**すぐに新情報がほしい**」とネットやＳＮＳで検索し、情報を求めたくなります。気持ちはわかりますが、その際、注意が必要です。理由は、**デマや不確かな情報にだまされやすくなる**からです。

平時であれば、「それはありえない」と思えることでも、有事になると、支離滅裂な話でも多くの人が賛同していると、「**一理ある**」と信じるようになってしまうのです。

自衛官が災害派遣に行ったときのエピソードですが、被災者の女性から、「被災地で夜間になると女性を狙った変質者がいるので、夜間パトロールしてほしい」という依頼をされたそうです。

自衛官の災害派遣における権限ではパトロールができないため、丁重に断ったそうですが、後で警察に話を聞くと、実は、「女性を狙った変質者が出たという具体的な事例はない」ことがわかりました。

では、なぜ、彼女は「変質者がいる」などと言ったのでしょうか。それは、

「空き家を狙った窃盗団が隣町に来たらしい」

←「もしかしたらこの地区にも来るかもしれない」

←「女性を狙う変質者がいるかもしれない」

←「女性を狙う変質者の集団がいる」

と**不安が想像をかき立てた**ためです。

たしかに被災地の夜は真っ暗になり不安でいっぱいです。だからといって、必要以上に不安になるのはよくありません。

実際に、被災地では不安が不安を呼び、

「予言では○○日に本当に巨大地震が来るらしい」

「これは日本破滅の序章らしい」

などと冷静に考えれば根拠がないことも、あたかも真実のように語られ始めます。

2016年4月に起こった熊本地震では、「熊本の動物園からライオンが逃げた」というデマ情報がツイッターで拡散され、大混乱が起こりました。

そして、不安に乗じて「カルト宗教」や「怪しい商材屋さん」などが、あなたからお金をむしり取ろうとやってきます。

つまり、不安から逃れようと焦るあまりに、デマや不確かな情報を信じて、あなたが情報を拡散すると、**さらに世の中は混乱**していくのです。

また、避難所でお年寄りと子供が同じスペースに一緒になると、子供がネットで仕入れた怪しい情報に、お年寄りが振り回されて、現場が混乱する現象も発生することがあります。もし、振り回されているようなケースがあれば、**まず、落ち着くように諭す**ことも必要でしょう。

ちなみに、**大手メディアであっても誤報を流す可能性は十分にある**ので、「すべて正しい」とは考えない方がいいでしょう。

デマにだまされないために

では、私たちはデマにだまされないために、どういうことに気をつければいいのでしょうか。そのためのいくつかの方法を紹介しましょう。

状況はすぐにはわからない

どんな災害や事件でも、**正確な情報がそろうまでは時間がかかります**。それぞれの情報を統合・分析するには、少なくとも2~3日はかかるため、当日は部分的なことしかわかりません。

それまでは、事件と関係ないことがクローズアップされたり、有識者らしき人がもっともらしい発言をして世の中を煽動したりすることがありますが、「**まだわからない**」**と心の中でブレーキ**をかけてください。数日経てば真相がわかりますので、結論を出すのはそこからでも遅くありません。

不確かなことは広めない

大地震が発生したときには、「さらに余震が起きる」とか、「予言によると噴火が起こる」などの**不確かな情報**が広がり、人々の気持ちを不安にさせます。

これらの情報を軽い気持ちでSNSなどの投稿で拡散してしまうと、社会に動揺が広がるため注意が必要です。**情報は「発信ソース」をよく確認するクセをつけて**ください。内閣府からの報道であれば信頼度が高いですが、WEBニュースの記事などは内容が事実かどうか検討する必要があります。

一部のメディアやユーチューバーなどは、PV（ページビュー）や再生回数を稼げるならば、どんなデマでもあたかも真実のように流してくるからです。

過激な情報ほど、「ちょっと待てよ……」と立ち止まる必要があります。

身の危険があるなら行動する

大災害などが発生した際に、自宅にとどまると身の危険があると判断したときは、避難所などに移動した方がいいですが、**基本的には自宅待機を推奨**します。

理由は、憶測だけで「自宅は危険だ！」と行動すると、パニックに巻き込まれ、**二**

次災害を生む恐れがあるからです。

自家用車で移動すると、道が大渋滞し、立ち往生してしまうことや、焦ってスピード超過している車に衝突される恐れがあります。また、災害の混乱に乗じて他県から犯罪目的でやって来る人々もいるので、治安悪化が懸念されます。

状況がわかるまでは無闇に動かないことを心がけた方がいいでしょう。

日ごろから準備しておく

災害などに備えて、物品を日ごろから準備していると、気持ちの安定につながります。必要な飲料水や食料などを何も準備していないと、「何も準備してないからまずい」と心に**焦り**ができ、一つひとつのニュースに心を揺さぶられるようになります。

また、有事に買い物に行こうと思っても、道路が寸断されていてたどり着けなかったり、割れたガラスを踏んでケガをするなどの二次災害に巻き込まれる可能性も大きく高まるので要注意です。**状況が落ち着くまで外出しなくても済むように**、できるかぎり準備をしておくといいでしょう。

被災地に足を運ぶ

災害に備えておくために必要なことは、**被災地に足を運ぶ**ことだと思います。日本は過去、さまざまな大災害に見舞われ、多くの人々が生命を落とし、辛い思いをされました。そのときに学んだ**教訓や生活の知恵**などが、博物館などに膨大な資料としてのこされています。それらに目を通して実際に学ぶことはとても大切です。

たとえば、熊本地震が起きたとき、熊本の多くの人たちは、「熊本は地震に強い」と思い込んでいました。つまり、阪神・淡路大震災も東日本大震災も「どこか遠くの大変なこと」だったのです。

しかし、実際に身をもって大震災を体験すると、「なぜ、東日本大震災のときに、もっと真剣に大震災の備えを考えなかったのだろう」と後悔したそうです。

つまり、さまざまな大災害の現場に足を運び、「**明日、自分が被災者になるかもしれない**」**という当事者意識が大切**なのです。

自衛官が仕事を辞めたいと思うとき

自衛官が、「**仕事を辞めたいな……**」と考える状況の一つに、「**時間に余裕があるとき**」が挙げられます。

もちろん、教官にどやされたり、訓練や日常業務がキツく、「家に帰りたい」と思うときも、「辞めたい」と思うことがあります。

ですが、それと同様に、時間に余裕があるときも、「俺は何をやっているのか」「もっと良い人生があるのではないか」などと考え出し、自分の人生が停滞しているような感覚になり、辞めたくなってしまうのです。

特に陸上自衛隊は、航空・海上自衛隊とは異なり、実戦的な危機に近い任務に着く頻度が低いため、穴を掘ったり、小銃を持って走ったりする日々に疑問を感じやすくなります。

防大出身者の場合、空自・海自の同期から、

「陸自も、もっと実戦的な訓練をしたらどうか？」

と言われることもあります。陸自は問題意識を持って訓練を行わないと、どんどん実戦的な考えから離れていき、若手隊員は、

「俺は何をやっているのだろう?」

と疑問を抱くようになります。

さらに、部隊として若手隊員の疑問を解消できずにいると、「自分を高める」という方向ではなく、「環境に対する不平不満」に行きやすいのが人情です。

そうした状態が続くと、「口を開けば、みんな不平不満を語り、なんとなくゆるんだ雰囲気」という最悪なムードになることさえあります（そして、その負のサイクルは加速し、服務事故へつながっていきます）。

これはまさに、「**小人閑居して不善をなす**」、つまり、「つまらない人間は、ヒマになるとろくなことをしない」という状況を誘発してしまっているのです。管理職にある立場の人間は、できるかぎり**組織の不平不満をなくす努力**をする必要があります。

一方、隊員の方は、環境に対して不平不満ばかり言っていても仕方がないところもあるので、**できるかぎり「ヒマだなぁ」と思う瞬間をなくしていく**ことが大切ではないでしょうか。

時間に余裕があるときには、次のことを意識して行動してみるといいでしょう。

新しい分野の本を読む

あえて普段自分が読まない本の分野を読んでみるといいでしょう。
◎海外旅行に興味がないけど、ガイドブックを買う。
◎歴史に興味がないけど、歴史の本を買う。
◎料理に興味がないけど、料理の本を買う。
→新しい知識がつくと、満足感を得られます。

なかなか会わない人や、新しい人に出会う

◎近くに住んでいる友人がいれば連絡してみる。
◎異業種交流会に行ってみる。
◎友人の友人に会ってみる。
→新しい人に出会うと、気づきや学びがあります。

新しい経験をする

◎定食屋に行ったときに珍しいメニューがあれば、そちらを頼む。
◎無料体験のカルチャースクールがあれば予約をしてみる。
◎やったことのないタイプのゲームをする。
◎普段行かないところに行ってみる。
→多くの気づきを得ることができるので退屈しません。

これらのことを自分にノルマとして課してみるのもいいでしょう。

コラム―②　自衛隊で出会う「霊感がある人」

自衛隊には「**霊感がある人**」がたまにいます。私自身は霊感がなく、幽霊などは信じないのですが、「自分は見えるんですよ」と話す人に何人か出会ったことがあります。

彼らは「ホラ吹き」というタイプではなく、勤務態度良好で真面目な人が、タバコを吸っているときに、

「あ～、今日もいますねぇ」

と呟くのです。誰かを驚かせるわけでもなく、「見えちゃっているから、しょうがない」という印象さえ受けます。

自衛隊で行われた講演の途中に、私の隣にいた同期が、

「**おい！　壇上の後ろに変なヤツがいるぞ！**」

と驚いた顔をして言っていましたが、私が見ても何もいませんでした。私は、「寝ぼけているだけだろ」とスルーしましたが、「たまに見える」と彼は言っていました。

このような話はたくさんあります。陸上自衛隊の施設は、**旧日本軍や米軍が使っていた施設**が多く、過去の因果が現世まで残っていると言われることもあります。地元自治体によって誘致された陸上自衛隊の駐屯地が、「地元で誰も買わない曰く付きの土地」のことさえあります。つまり、「出る」土地です。

九州の某駐屯地は、実は、**南北朝時代の大合戦場の跡地**で、**数千人の遺体を1箇所に埋めた場所**であり、**地元の人は誰も買わない土地**でした。そんなことは後から入ってきた隊員たちは知る由もなかったのですが、すぐに「**夜になると落武者が出る!**」と話題になりました。そのため、その駐屯地では、お祓いをして祠を作り、「**お水を祠にあげる特別勤務**」などが存在します。

何年かに1回、「お水あげなくても大丈夫でしょ」という隊員が現れるのですが、もれなく**般若の面を被った霊に首を絞められる夢**を見て、その後、体調不良などに苦しむと言われています。

このような逸話は全国の駐屯地にあり、駐屯地の奥の方に現役隊員もよくわからない謎の祠があったりします。

ある駐屯地では、訓練をする前に、「ここで、こういった訓練をしても大丈夫でしょうか？」と地域の有力者とお話することもあります。「自分たちの敷地だから何をしても良い」というのではなく、余計な事故を防ぐためにも地元の言い伝えを聞いておくに越したことはありません。

また、九州の現役隊員でも存在すらあまり知られていない某演習場は、地域でも有名な呪われた場所で、訓練前にお祓いをする部隊もあるそうです。

ある訓練の最中、何人もの隊員が、

「なんでここに子供がいるんだ⁉」

といるはずのない子供の姿を目撃し、訓練中に撮影された写真を見た中隊長は、顔を真っ青にして「こんなものを報告資料に載せられない」といって、すべてデータを消去したそうです。

さらに、演習中に、

「じいさんが亡くなった気がする」

と言った隊員のところに中隊長が駆け寄ってきて、

「あなたのおじいさんが亡くなったから、演習は中止してすぐに家に帰りなさい」

といった、ちょっと不思議な話もあるようです。

沖縄で史跡研修に行くと、顔が真っ青になり、「**これ以上先には絶対に行けない**」と話す人などもいます。特に旧日本軍の洞窟に入る際には、

「いいか、この洞窟は特に危険で、過去に何人もの学生が倒れている。入るかどうかは自己判断に任せる」

といったアナウンスがあることもあります。

沖縄の隊員は慰霊碑清掃をすることが多いのですが、埋葬された人の身元がわかっている慰霊碑などは大丈夫であっても、身元のわからない遺骨を納めた慰霊碑で隊員が倒れる確率が高いそうです。

私の知人に、怖い物知らずの屈強な陸曹がいたのですが、沖縄の平和祈念公園の戦没者墓苑の前で、冷や汗が吹き出て止まらなくなり、足が一歩も前に出なくなったそうです。後で話を聞くと、戦没者墓苑には身元のわからない遺骨も大量に納められているそうです。

また、沖縄の激戦地は嘉数《かかず》高地が有名ですが、高地よりもその前の嘉数の谷の方で震えが止まらなくなったとも彼は言っていました。

陸上自衛隊の勤務には、夜間巡察があります。駐屯地の各施設を夜中の2時ごろに

回って、異常がないか点検するのです。入隊したての隊員が当直勤務になると、「怖くて巡察したくない……」という情けない人もいます。ですが、考えてみてください。もし、あなたが、「夜の中学校を隅から隅まで点検してください」と言われたら、「うわぁ、いやだなぁ」と思うでしょう。そういうことです。

しかも、都市部に近くて夜でも灯りの消えない小規模駐屯地なら巡察も楽ですが、田舎の大規模駐屯地になると、日本昔ばなしの山姥の話みたいな雰囲気になって、とても怖いです。田舎の大きな駐屯地は、壊れた施設や廃車になった車が野ざらしになっていることも多く、さらに雨が降っていると怖さに拍車がかかります。

何回も巡察をしているとさすがに慣れてきますが、そういうときにベテラン隊員は、

「ちゃんと敬礼して『服務中異常なし！』と言えば、答礼してくれるから大丈夫。ビビっていると日本兵殿に怒られるぞ」

と怖いアドバイスをしてくれます。そんなベテラン隊員は、「幽霊は怖くないが、イノシシが怖い」と言います。夜間巡察中にサル、イノシシ、ハブなどはリアルな恐怖です。幽霊は殴ってきませんが、イノシシは突進してきます。

朝霞駐屯地では、1964年の東京オリンピックでマラソン銅メダリストになった陸上自衛官の**円谷《つぶらや》幸吉《こうきち》**さんが亡くなった後に、「夜、誰も走っていないのに走っている足音が聞こえる。あれは円谷幸吉の足音だ」と言われていました。ただ、このエピソードは、円谷幸吉さんが「死んでも真面目な人だな」という恐怖よりも尊敬の念が強いエピソードとして語られています。

最後に自衛隊と幽霊のエピソードで欠かせないのが、**硫黄島**のエピソードです。硫黄島は第二次世界大戦の激戦地であり、かつては夜になると滑走路から死者の腕が無数に見えると言われたほどでした。現在でも、「**石を持って帰るな**」と言われますが昔はその比ではなかったそうです。

しかし、転機になったのは平成6（1994）年の**天皇皇后両陛下**（**現上皇上皇后両陛下**）**の硫黄島行幸啓《ぎょうこうけい》**です。このお陰で多くの英霊が静まったそうです。

第4章

自衛隊に学ぶ 人間関係と組織論

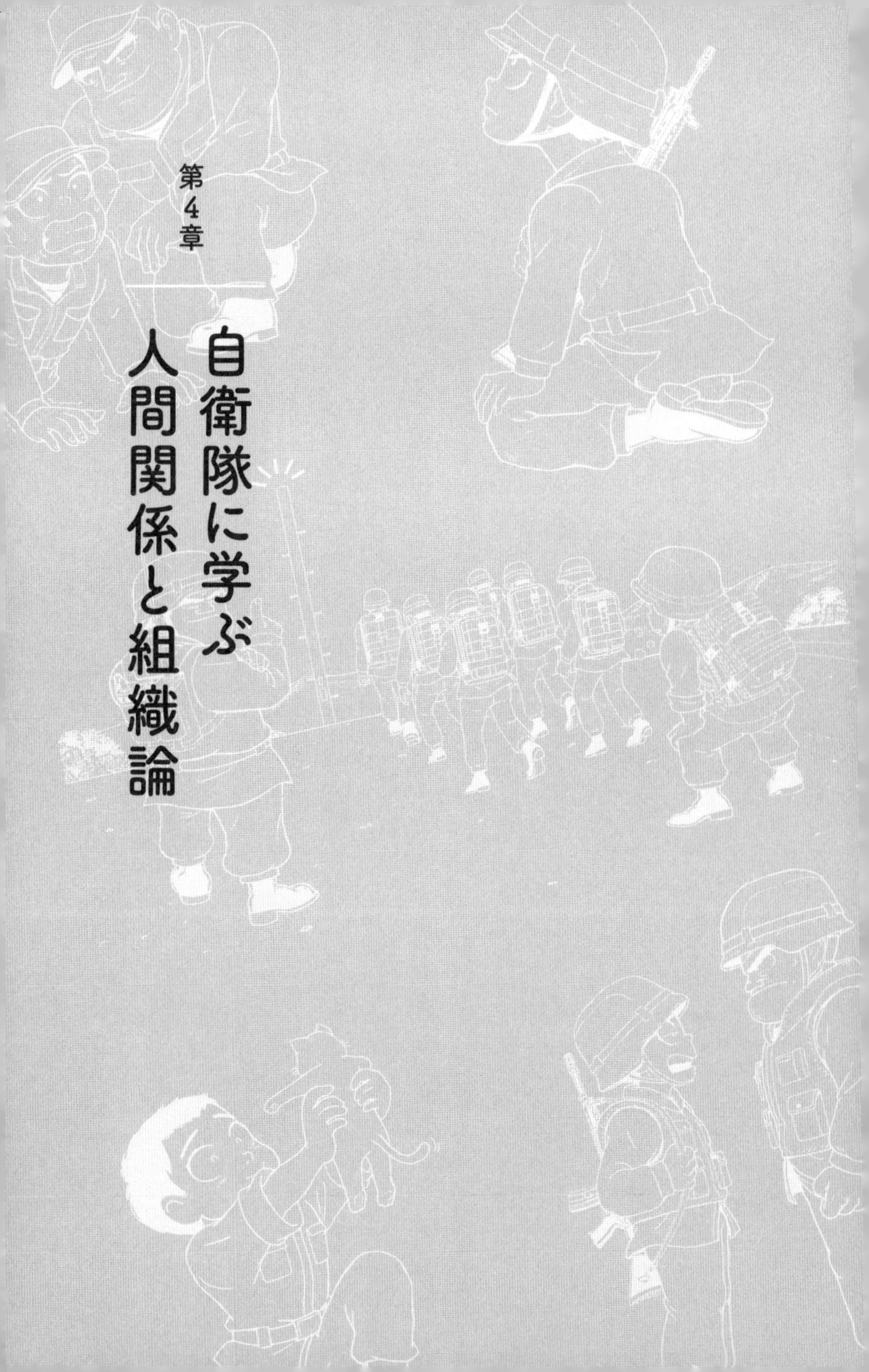

話を聞いていないヤツほどいい返事をする

陸上自衛隊の基本は、「元気はつらつ」です。特に新隊員の教育では、

「何もわからないなら、せめて声を出せ」

と言われ、常に元気であることを求められます。

しかし、この教えにも一つの弊害があります。それは、大きな声で元気よく、

「了解です！」

「わかりました！」

と返事をする新隊員は、一見すると「元気がいいな」と好印象ですが、元気のいい新隊員の半数ぐらいは、「実は何も理解していない」ということがよくあるからです。ある程度は理解したうえで大きな返事をしているのならいいのですが、中にはまったくわかっていない人もいます。


少しひどい言い方をすると、犬が「ワン！」と鳴くように、「わかりました！」と元気よく返事をしているだけ、ということがあるからです。つまり、彼らは、「返事

をしないといけないから返事をしているだけ」なのです。オジギソウがお辞儀する気がなくてもお辞儀しちゃうのと一緒です。「返事をしているからわかっている」と考えてはいけないのです。

ある中隊長は、

「元気よく返事をするヤツがいたら、ちゃんと質問して理解しているか聞いてみろ」

と言っていました。

「個人用掩体《えんたい》？」

「無線通信？」

といった具合に、

「こいつ、まったくわかってないじゃないか！　新隊員の班長は何を教えていたんだ！」

となることさえあります。

これは、「末端の隊員まで企図（計画）の徹底がなされているか確認しろ！」ということなのです。戦場では、指揮官とベテラン陸曹だけが作戦計画を理解していても、理解の足らない新隊員がいるばっかりに部隊が全滅することもありうるからです。

これは自衛隊だけではなく、民間企業でも同じかと思います。上司にいい印象を持たれたいばかりに、

「はい！」

「わかりました！」

「できます！」

と元気よく返事をしますが、実際はあまり理解していない社員です。

しかも、元気よく返事をした手前、わからないことを聞き直すこともできず、結局仕事ができないことがよくあります。そんな彼らは、「誤発注しちゃったけど、どうしよう」「、「取引先が激怒しているけど、どうしよう」と心の中で問題を抱え込み、最終的に損害を大きく広げてしまうことさえあります。**元気の良さだけでデキる人かどうかを判断するのはやめておきましょう。**

なお、陸上自衛官もいつまでも元気だけが取り柄の新隊員ではありません。厳しい訓練を通して実力や知識をつけていき、**わかってないのに「わかりました」ということが部下の命を奪うことを、身をもって知ります。**

そのため、ベテラン陸曹になるほど、すぐに「わかりました」と首を縦に振らず、

本当に理解しているのか？
ムム…
ハイッ!!

ありとあらゆる状況を想定して、根掘り葉掘り質問してきます。考えの浅い若手幹部は、冷や汗ダラダラになり、自分の浅はかさに打ちのめされることになります。

相手の指示を理解したうえで、**疑問があるならば根掘り葉掘り質問することも大切**とお伝えしておきましょう。

攻撃的な人ほど実は繊細

攻撃的な人は、「粗暴で思いやりがない」という印象がありますが、「**実は繊細で傷つきやすい**」という側面を持っていることがあります。

暴走族が大きな音を出して暴走し、不良たちが群れているのも、「**ナメられたらおしまい」の世界に生きている**からだと私は思っています。この世界には、「ナメられたらおしまい」の感覚で生きている人は一定数います。

しかし、これは本当の強さではなく、心にある寂しさやもろさといった自分の弱さを、攻撃・威嚇することで隠しているという側面があります。少年院などで、セラピーでケアをすることで、不良少年の攻撃性がなくなったという話を聞くかぎりでは、あながち間違いではないでしょう。

この不良少年たちの「ナメられたらおしまい」がエスカレートすると、不毛なリンチ殺人にまでおよぶことがあるように、他者を攻撃し続けることの果てにあるのは、愚かな殺し合いになると言っても過言ではありません。

また、インターネット上で批判を繰り返すアカウントが、少し自分が批判されただけで大きく落ち込んでいる姿を私はよく見かけます。

他人に対して、「あいつはだめ」「話にならない」とか言っている人ほど、自分が批判されたときに、「そんな言い方をしなくてもいいだろ……」と落ち込むものです。

私が思うに、**攻撃的な人はたいてい自己肯定感が低い**です。誰かを攻撃することで相手の評価を下げ、自分の気持ちを満たそうとしている傾向が強いのです。そして、不良少年たちと同じで、**攻撃的になることで自分の弱さを隠そうとします。**

さらに、攻撃的な人は、自分の言動は棚に上げますが、誰かから言われた批判などはずっと覚えているので、下手な対応をすると相手から恨まれることにもなりかねません。

私のお仕えした中隊長は、

「仕事において、初手から攻撃的な調整をする人は、短期的に自分の立場を有利にしようとしているだけであって、本当は、自分にわからないことや、できないことが多い人だよ。小さな犬が吠えるのと一緒だから、小さな犬のために怒ったり憤りを感じるのは、人生の無駄だよ」

と言っていましたが、まさにそうかもしれません。**攻撃的な人には、スルーが最良の方針**なのかもしれないですね。

方言への指導

防衛大学校に入校して、厳しく指導されたことの一つに「**方言**」があります。防大は全国から学生が来るため、日常で使う言葉やニュアンスが少し異なることがあるからです。

たとえば、関西からきた新入生は、

「**ゴミをほおっておく**」

「**ホウキをなおしといて**」

という表現をよくします。しかし、関東ではそのような表現をあまりしないため、

「ゴミをほおる？」

「このホウキは壊れてないぞ？」

となり、意思疎通ができなくなります。同じ地域出身の人ばかりでは気がつかない言葉の違いが、ここで明らかになるのです。

ただ、自衛隊では、言葉の認識統一ができないと、大きな支障が出てしまうため、

「それは方言だ。標準語で話せ！」

と指摘されます。話している新入生も、自分が普段使っている言葉が「方言」であることを理解し、徐々に修正をしていきます。

しかし、そもそも地方の部隊だと、方言が標準語なので、他の地方からきた隊員は、

「ここの部隊は何を言ってるかわかんないなぁ……」といった現象が発生します。

ただ、言葉を訂正しても、イントネーションはなかなか直りません。特に大阪からきた学生は、「日本の中心は大阪やから、東京弁に合わせへん」とアイデンティティを保ち続けます。

また、全国から隊員が集まる幹部候補生学校などは、さまざまな地方の猛者が集まり、さらに指導教官の指導の仕方もいろいろな方言が混ざって、独特になります。

隊員を戒める言葉として、

「ぱやぱやすんな！」（ぼんやりするな）

「ずんだれるな！」（だらしないぞ）

「てれんこぱれんこすんな！」（やる気を出せ）

「おだってるんじゃない！」（調子に乗るな）

「てげなことするな！」（適当にするな）

などのバリエーションがあります。

これらの言葉が合体すると、

「お前らは集合のときはてれんこぱれんこして、服装はずんだれてるし、おだってるんじゃない！」

お前ら！
集合の時
テレンコ
テレンコ
走るな!!
服装はずんだ
れとるし！
おだってるん
じゃねえズラ!!
ドン!!
ワ カ ラ ン・・・
怒ってんな～
たぶん

と、「何を言っているかよくわからないけど、怒られていることはわかる」という状況も発生します。

過去に週刊少年ジャンプで連載されていた『すごいよ!!マサルさん』というギャグ漫画に、さまざまな方言の男っぽい表現だけを話す「男弁」の話者がいましたが、幹部候補生学校の指導教官はまさに「男弁」の話者と言えるでしょう

陸上自衛隊の第12連隊は、鹿児島国分市にある部隊ですが、なまりが強い人が多く、「あそこの部隊の人はいまいち何を言っているかわからない」という状況が発生することがあります。青森県青森市にある第5連隊も、なまりが強く、こちらも「う〜ん、よくわからない」となるそうです。「5連隊と12連隊が共同訓練を行ったら、ちんぷんかんぷんになるんじゃないか」という小話すらあります。

熊本弁は、方言はキツくないですが、擬音語が多すぎて、

「これは、ギャンして、ギャンやって、ギャンやれば、どぎゃんかなるけん」

という会話になります。これは、方程式のように、「ギャン」に当てはまる形容詞や動詞を探さなければ意味がわからないので困る、と同期から聞いたことがあります。聞いた方が早いのですが、熊本の人は血の気が多いので、

「ギャンじゃわかりません」

と冷たく言うと、

「お前、バカにしとっとか⁉」

と怒られます。

相手に対して、「なまっているから聞き取りにくいです」とはなかなか言いづらいですが、まったくわからない場合は、きちんと確認する必要はありますね。

なお、なまりが強い人と話すときは、笑うタイミングも大切になります。「相手が何を言っているかよくわからないけど、笑っているから笑っておくか」と適当に笑うと、

「何がおかしいんじゃ？」

と怒られることがあります。

北海道から沖縄まで――陸上自衛隊員図鑑

陸上自衛隊の部隊は、北は北海道から南は沖縄まで全国にあります。陸海空合わせると、北は稚内、東は南鳥島、南は小笠原諸島、西は与那国島と、もはや一般人がたどり着けないエリアまで勤務地が存在します。

みなさんは、陸上自衛隊のどこの部隊も、隊員の気質（職場の雰囲気）のようなものは、あまり変わらないと思われるかもしれません。しかし、実は、それぞれの地域の気質は結構出ます。また、何の職種で何を担当している部署なのかでも大きな差があります。

あくまでも私の独断と偏見ですが、地域性に焦点を当てて解説していきましょう。

北海道

北海道は、陸上自衛隊の最大勢力です。特に、昔は北の守りを意識していたため、北海道民の採用だけでは足りずに、九州や東北の若手を次々と送り込んでいきました。そのため、北海道の部隊は北海道民のおっとりした気質のほか、九州や東北の文化が混じり合う「蝦夷共和国」的な雰囲気があります。

北海道出身者は**寒冷地に対する適応力**があり、北海道の部隊の人は「**大自然の脅威に対する意識がかなり強い**です。北海道外から来た隊員が、北海道の自然を見下したような発言をすると、本気で怒られることもあります。クマ、大雪、寄生虫（エキノコックス）など、北海道特有の脅威があるからです。

一般的に穏やかな人が多いように見えますが、九州とはまた違う血の気の多さがあり、東北の人たちよりも荒くれ者が多いです。特に北海道の部隊は、「エリート意識」を持っている隊員が一定数いるため、

「関東の部隊は、こんな狭い演習場で訓練をしているのですか？」

などの発言をしてうとまれる隊員がいるのも事実です。

また、北海道出身者は北海道愛が強く、

「北海道なら〜」

「北海道では〜」

「北海道だったら〜」

と北海道の話ばかりします。つまり、彼らの頭の中では、北海道こそが世界の中心なのです。本州のことすら「内地」と言い、「この前、旅行で内地に行ってきた」とざっくりした話し方をします（東京も大阪も「内地」です）。つまり、中華思想ならぬ北海道思想と言えるでしょう。

ただ、暑さに慣れていない人が多く、道外で夏の訓練があるとゲッソリしている姿もわりと見ます。特に、空挺団などの精鋭部隊に配属された隊員には、「体力的には問題ないが暑さに弱いのが課題」という隊員が一定数いるのも特徴でしょう。

東北

あまり自己主張せず、とにかく我慢強く、優しい人が多い傾向にあります。新米の幹部は、

「隊員が優しいから、初任地は東北がいいぞ」

という人すらおり、温かみがあると言われます。

一方で、実際に接してみると、「最初はおとなしいと思ったけど、結構クセがすごいぞ」と思うのが東北民です。

特に、県民性というレベルでなく、ニッチなレベルの郷土愛が強いのです。たとえば、青森出身の隊員に、

「青森県といえば、ねぶた祭りですよね？」

と言うと、

「班長、何もわかってない。僕は弘前出身だから〝ねぷた〟祭りの方ですよ。青森県だからって何でも一緒にしないでください」

と注意されます。郡山駐屯地に行けば、

「福島駐屯地のやり方は気に食わない」

福島駐屯地に行けば、

「郡山と会津出身の連中とは反りが合わない」

など、近い地域で謎のライバル心があります。

しかし、彼らが対立するのは、あくまで東北の中にいるときだけです。一度東北の外に出て、東北の人間をバカにする人に出会うと、奥羽越列藩同盟の如く、

「東北さ馬鹿にするな！」

と、強烈な団結心を発揮して結束するのです。つまり、隣町への謎のジェラシーは、

仲の良い兄弟喧嘩のようなものと言えるでしょう。

また、入隊する隊員の理由も、

「田植えの時期は休暇を取らしてくれるから」

「本家の人間に『分ける田んぼがないから自衛隊に入隊しろ』と言われた」

「『男を磨くには黙って自衛隊で修行しろ』と剣道場の師範に言われた」

など**戦国時代のような理由**で入隊する隊員も多いです。

東北地方は不人気だと思われがちですが、意外と東京からのアクセスがよく、北海道からも北海道新幹線の開通などの理由で転勤を希望される人も多いです。幹部にしてみれば、九州などと比べれば激務でもないし、人も優しいので人気があります。

「もう一度、盛岡駐屯地で勤務したいなぁ。人が良かったから」

などと回顧する人も多いくらいです。

北信越

「北信越出身の自衛官は、雪国出身だから、東北と一緒でしょ?」と思われるかもしれません。おとなしく我慢強いというのは東北と似ていますが、もう少し関東に住んでいる人たちのようにさっぱりしており、無理に新潟の素晴らしさや金沢１００万石の素晴らしさを勧めてきたりはしません。

また、陸上自衛隊の方面隊区分で北信越というくくりは存在せず、「新潟・長野は東部方面隊（東方）」「石川・福井・富山は関西などと一緒の中部方面隊（中方）」とキッパリと分かれています。

そのため、東京で勤務したくて「東方」と書いたところ、新潟県が勤務地でガッカリしたり、大阪で勤務したくて「中方」と書いたら、石川県に配属されて後悔するなどの話をよく聞きます。

しかし、実際に勤務してみると、

「食べ物とお酒はめちゃくちゃうまいし、優秀な隊員は多いし最高だった」

などと絶賛されます。そういう話を聞くたびに、謙遜しながらも心の中では、「そうだろ」とニヤリとつぶやくのが彼ら北信越の隊員です。

首都圏

首都圏出身の隊員は、「都会派の軟弱者」をイメージする人も多いでしょう。しか

し、実際のところはそうでありません。首都圏は、人口の母数自体が多いため、

「小さいころから自衛隊に入るために体を鍛えていました」

と言う女子や、

「早稲田大学出身ですが、国防に興味があり、あえて新隊員で入りました」

「幼いころからどうしても戦車に乗りたくて」

「国防に私の心を捧げる覚悟で入隊しました」

などの濃い人たちも多くバラエティ豊かです。一昔前には、

「ホストやってたけど借金抱えすぎて、ヤクザから逃げるように入隊した」

「ゲイバーで働いてたけど、空挺団が好きすぎて入隊した」

など濃すぎるキャラもたくさんいました。

都心の連隊には精鋭が集まりやすく、「精鋭無比」の空挺団、「なんでも1番」の第1連隊、「近衛連隊」の第32連隊など、とにかく濃い面々が集まります。

「**都会の部隊は都会派**（**アーバン**）**だと思ったら、野蛮**（**ヤーバン**）**だった**」

などの笑えない話も自衛隊内でささやかれています。

中部

中部地方出身の隊員には、「**なぜ自分が自衛官として続けているのか不思議**」という人が多い印象があります。中部・関西地方は、元々、あまり自衛隊に友好的な土地柄でもなく、商売人気質の隊員が多いからか、

「とりあえず自衛隊に入ったけど、しばらく働いたらトヨタ関連事業で働こうかな」という隊員も多く、また、駐屯地の周りに就職口が多いため、新隊員の採用や、退職者の引き止めには苦労します。

そのため、昔は、「九州だと陸曹になれないけど、中部地方の部隊に転勤するなら陸曹になれるよ」などの理由から、九州男児が配属された過去もあります。

このような気質は関西出身の隊員にも言えますが、関西の隊員ほどクセが強くなく、あまりパッとしない印象があります。また、口グセのように、「名古屋には何もないよ」と言うのみで、全然地元アピールもしてきません。

喫茶店のモーニングも、「今はコメダ珈琲が全国にあるから別に珍しくないよ」という、地元に対する謎の諦めみたいなものを感じている隊員が多く、びっくりするほどアピールしてきません（ただし、なぜか「**ナガシマスパーランド**」については、その

素晴らしさを熱く語ってきたりします）。

だから、中部地方の自衛官について語ることは少ないのですが、中部以外に転勤したりしたときに、部隊にお土産として「**赤福**」を持っていくと、お土産選手権で1位になり、部隊の英雄になれます。

関西

関西地方の自衛官をひと言で表すと「**濃すぎる**」です。体育会系のノリと徹底的にお笑いに対して貪欲なのが特徴です。

中学生のころからお笑い芸人になるために命をかけてきたけど挫折して入隊してくる隊員や、両親から野球以外の喜びを知らない野球アンドロイドとして育てられたけどプロに入れるレベルじゃないので入隊してきた隊員、なんかオモロそうだからノリで入隊した隊員など、関東とは一味違った濃さがあります。関西出身の隊員のエピソードだけで本がマルっと1冊書けるレベルのワンダーランドです。

自衛隊は、笑いが許されない組織のイメージが強いですが、関西の自衛官は、**隙あらばウケを狙ってきます。**

若手幹部が真面目で固い話をダラダラとすると、

「小隊長、その話のオチは何ですか？」

と怒涛の「**で、オチは？**」の攻めに苦しむことになります。関西の自衛官に話をするときは、短くて理解しやすくオチのある話をしないといけません。

もちろん、関西の隊員のノリが嫌いで、本気で怒ってくる指揮官もいますが、関西の隊員にとっては、「攻めすぎて中隊長がキレた！」というのは、むしろおいしいエピソードになります。

レンジャー訓練中の厳しいエピソードも、

「草壁さんが、喉が渇きすぎて草についた朝露をなめまくったら、レンジャークサナメとあだ名された」

などの面白エピソードに変換されます。

陸士隊員でも、ブッコミネタをする度胸のある隊員が多く、ヤクザみたいに強面の曹長に、

「班長、若いころは曹長じゃなくて暴走族の総長だったんでしょ？」

ときわどいボケをぶちかますときもあります。こんなことは九州などの感覚なら許

されないことですが、関西ノリだと、

「アホか！　なんでやねん！」

で丸く収まったりします。

ただ、関西人の気質として、「わしゃ給料以外の仕事はせんで」という**商売人気質**の隊員が多く、九州みたいに従順に仕事をしてくれる若手が少ないため、指揮官は苦労します。


こんな関西ですが、まれにメタモルフォーゼ的に、部隊をバリバリと切り盛りする、すごく優秀なスーパー関西人の隊員が現れます。ただし、そんなスーパー関西人も、スーパー九州男児みたいなのが現れると、途端に声が小さくなったりします。それも関西気質でしょう。

隊員が転属先を考えるときに、大阪はコテコテの関西なので、もっとマイルドそうな京都か兵庫に希望を出すと、大阪以上に関西人気質が強烈な土地柄の福知山や姫路などに配属されたりします。ですので、自衛隊内では、大阪と兵庫の境目にある伊丹《いたみ》駐屯地と千僧《せんぞ》駐屯地こそがマイルド関西な感じで至高であると言われています。

中国

中国地方の陸上自衛官に、「中国地方の自衛官の特色ってありますか？」と聞くと、「えっ？　ないよ」と言われます。

中国地方は、駐屯地と駐屯地の距離が遠く、文化としてもバラバラなので、中国地方の気質についてあまり考えることがないそうです。そもそも中国地方自体、瀬戸内海側、日本海側、内陸では全然文化が違うエリアです。

広島はクセが強そうですが、呉の海上自衛隊のイメージが強く、強烈なカープファンが定期的に現れるイメージくらいしかありません。

山口の自衛官は、「会津出身の隊員と鹿児島出身の隊員から敵視されるけど、なぜかわからない」という悩みを持っていたりします。戊辰戦争や西南戦争の遺恨が原因ですが、負けた側は覚えていても、勝った側は忘れてしまう典型例でしょう。

鳥取の米子《よなご》駐屯地の連隊は、ごくまれに、戦闘訓練で富士の精鋭部隊に勝ったなどの話題で盛り上がったりします。感覚としては、甲子園で鳥取代表が大阪代表に勝つ感じに似ています。

島根の出雲《いずも》駐屯地は、多くの陸上自衛官の隊員にとって規模も小さく交通の要所にもないため、おそらく定年退官するまで一度も行くことがないであろうウユニ塩湖みたいな存在になっていたりします。

「えっ！　出雲駐屯地行ったことあるんですか！　スゴイ！」

という会話が生まれることもあります。

四国

四国の自衛隊は、九州や北海道と違って「四国魂」みたいな感覚がありません。四国は地形が険しく、陸続きの隣の県よりも海を隔てた中国地方や関西の県の方が交流が深かったりするという特性から、**街ごとの個性が強い**です。

入隊する隊員も地元の縁故採用が多く、かなり内輪感が強かったりします。人柄は良いものの、かなり内向的であり、小隊長などが打ち解けるまでに苦労すると嘆いたりもします。

また、日本の防衛上、あまり重要でないポジションであるため、演習場などの訓練基盤が四国には少なく、九州や関東の部隊にお願いして演習場を調整したりする、なんとも厳しい立場にあったりします。

しかし、最近では、南西防衛なども担当することになり、

「えっ、四国の人員装備で南西防衛を⁉」

「でも、人員は減るんですか？」

となったりするので、実際のところ、勤務環境は牧歌的ではなく、かなり忙しかったりする大変な所です。

九州

九州は、**自衛官の名産地**と言っても過言ではありません。都道府県として見れば、北海道出身者が陸上自衛官の割合で１番多いのですが、地方としてみれば、福岡、熊本、鹿児島を中心とした**戦闘民族九州男児**が最大勢力です。


他の地方の隊員が九州に赴任して驚くのが、迷彩服で街を歩いているだけで、知らないおばさんから、

「**自衛隊さん、いつも国のためにありがとうございます**」

と猛烈に感謝されたりすることです。自衛隊車両で街を走ると、ロックスターを見つけたかのように手を振ってくれる子供たちもいます。

自衛隊に友好的でない街の出身の陸上自衛官は、地元で冷たい扱いをされたり、知り合いから「負け組」などと言われ、辛酸をなめたりします。ですが、九州の人々は、陸上自衛隊に九州の美学を感じ取るため、陸上自衛隊を特別な存在だと思う人が多いです。

極端な例ですが、彼女の実家に結婚の挨拶に行ったら、

「ウチの娘と結婚したければ、陸上自衛隊に入って〝漢〟になりなさい」

くらいのことを言われて入隊する隊員もいるほどです。

九州は、全国的に見て入隊者が多いため、冷戦の時代はエリート九州男児をソビエト連邦対策で北海道に送り込んだりしました。また、人手不足に苦しむ関西地方の対策のために、九州男児が送り込まれたり、さらに、勤務成績優秀な九州男児は、関東の精鋭部隊などに引き抜かれたりしました。

つまり、**陸上自衛隊の半分は、九州男児の血液でできている**と言っても過言ではありません。

しかし、優秀な隊員を全国に送りすぎた結果、昭和の時代は、九州の陸上自衛隊は荒くれ者の九州男児だらけになり、くわえタバコにねじり鉢巻の全盛期の吉幾三《よしいくぞう》みた

いな隊員だらけになったそうです。

　また、あまりにも全国に九州男児を送り込んだ結果、全国の地方のスナックに九州出身の隊員が通い詰め、

「ママ、わしら九州男児やから、いも焼酎が飲みたか〜。金は払うけん、黒霧島置いてほしいばってんが〜」

　とリクエストし、**黒霧島が全国区の焼酎になった**、という与太話もあるくらいです。

　つい、九州男児ばかりに目が行きますが、九州の女性にとって、男と対等に戦える陸上自衛隊はとても魅力的な職場でもあります。そのため、陸上自衛隊に入隊することに抵抗のない女性がとても多いのも特徴です。結果、元女優や元モデルなどのちょっとレベルの違う美人が定期的に入隊してきます。

　また、九州の女性は「ぴえん系」のタイプが少なく、むしろ男と一緒に喜んで穴を掘る「エンピ系」女子が多いです。ちなみに、「エンピ」とは陸上自衛隊用語で「シャベル」のことです。

　しかし、そんな九州ですが、九州北部の４師団と九州南部の８師団ではまったく雰囲気が違います。

福岡を中心とする九州北部は、炭鉱街や鉄工所などの荒くれ者の文化の血を濃く受け継ぐ隊員が昔は多く、そのころは若い小隊長が赴任すると、「やんごとなき世界に来てしまったなぁ」と思ったそうです。**職人気質**な人が多く、納得すれば仕事はいくらでもするが、気に食わないと一切仕事をしないタイプが多かったそうです。

逆に、熊本・鹿児島・宮崎の九州南部は、地方全体に**愛国心が強すぎる**人が多く、まるで大日本帝国がいまだに続いてるパラレルワールドの世界です。「**国のために奉仕したい**」「**男の中の男になりたい**」と心から思っている隊員だらけです。特に鹿児島と宮崎の隊員は、薩摩藩の支配地域出身が多く、野武士みたいな顔つきの人が多かった印象があります。

また、九州南部の隊員は、全国どこに行っても鹿児島県人会などを結成し、島津家の家紋と、「チェストー！」と書かれた独立武装勢力みたいな旗を掲げます。

熊本県人会は、鹿児島県人会に負けるのが嫌いなので、加藤清正公の兜のマークに「ひのくに」と書かれた旗を掲げます。「ひのくに」は大和朝廷時代の熊本の呼び名ですので、こちらも独立武装勢力みたいな振る舞いをします。

宮崎県民は、県というよりも地域で団結する傾向が強く、

「俺は、宮崎県出身ではなく、薩摩の支配地域の出身だから、事実上の薩摩出身！つまり、みやこんじょー（都城）の男は、薩摩武士の血が流れとるんじゃ！」と意味わからないことを言いながら、「みやこんじょー」と書かれた地理的な基礎知識のない人には一切理解できない県人会有志作成の旗を掲げたりします。

とにかく彼らは、日本よりも「薩摩」と「ひのくに」が好きなのです。

この九州北部と九州南部の部隊は、ライバル心の強いことで有名で、４師団８師団対抗銃剣道大会は、恐ろしい熱気と怒号と罵声の中で行われたため、もはや試合ではなく、「死合い」のような状況になっていたそうです。

そのあまりに異様な雰囲気に、審判が精神的プレッシャーに負けて体調不良になる、などの現象が起きたりしました。

沖縄

沖縄出身の自衛官は、沖縄の中にいるか、沖縄の外にいるかで、だいぶ気質が変わります。

自衛隊と言えど、沖縄は**ウチナー文化**が強く、時間にもルーズで、多少の細かいことではイチイチ怒ったりしません。また、アメリカ軍の文化も強いため、「出たとこ勝負！　結果良ければすべて良し」的な雰囲気があります。多少業務で失敗しても、「小さいことは、てーげー（いぃ加減）でいいさぁ～」「モノさえ壊さなければ、なんくるないさぁ～」などということも多く、勤務中に喧嘩することも多い九州の自衛官からすると、衝撃を受けたりします。

しかし、彼らが国防に対して適当な意識を持っているかといえば、そうではなく、沖縄という他の都道府県と比べて複雑な背景を持っている土地に生まれたため、「**強い意志を持って入隊してくる**」**隊員が多い**です。

「おばぁに、『自衛隊入ったら許さん』と言われたが、俺は国を守りたいと思った！　だから、反対を押し切ってでも入隊したさぁ～」

という人もいます。だから、ゆるやかな雰囲気の沖縄の部隊を出て、厳しい九州の部隊などに配属されると、覚醒して空挺団や特殊作戦群などを志す人もいるのです。

また、沖縄の人間関係は相当に緊密で、先輩隊員を「兄（にぃ）」「姉（ねぇ）」と呼んだり、ベテラン隊員を「おじぃ」などと呼んだりします。だから、「山田3曹が吉田2曹と一緒に隊長室に呼び出された」という話から、「山田の兄と吉田の姉がおじぃの部屋に呼び出されたさぁ〜」などという会話が生まれたりします。

言葉づかいも優しいため、鬼みたいな外見のベテラン陸曹が、

「じゃあ、今から訓練しましょうね〜」

と言って、他の地方の隊員がびっくりすることもあります。

沖縄方言的に、「しましょうね〜」は、英語の「レッツ（let's）」と同義なので、「レッツ、訓練！」と言っているわけです。決して、赤ちゃんプレイをしているわけではありません。

そして、沖縄出身の隊員は、**とにかく酒が好き**であり、お祭りで泡盛の瓶が何本も空になり、気がついたら知らないオジサンが三線などを持ってきて、一緒に踊ってヤンヤヤンヤと騒いだりします。

ただ、沖縄も広いので、那覇と離島や北部（ヤンバル）では全然文化が違って、

「おばあちゃんの家に行くと、イノシシの刺身がいつも出てきた」

「小学生のときにカジキを釣ったことがある」

などの強烈なエピソードを持っていたりします。

なお、沖縄にコテコテ九州男児が配属されると、すさまじいカルチャーショックを

受けて、九州に再び戻るころには、いつも笑顔で、細かいことはなんくるない、陽気なオジサンに生まれ変わることもよくあります。

ただ命令するだけでは隊員は動かない

指揮官（リーダー）が、

「あの丘を攻撃！」

と命令を下したら、自衛隊の隊員は何の疑いもなく突撃していくと思いますか？

もしかすると、そんなイメージを抱いている人もいるかもしれません。

ただ、現実はそんなに甘くありません。人間には、誰しも建前と本音があるように、自衛官にももちろん**建前と本音**があります。

「国民を敵勢力から守る」「指揮官の命令に従い、任務達成をする」というのは、隊員の「建前」です。その一方で、隊員は、「**この指揮官の命令は適切なのか？**」という「本音」を常に抱いています。

部下隊員の「本音」が前面に出てしまい、「やってられないよ！」という不平不満があちこちで吹き出すようになると、部隊の雰囲気が悪くなり、最終的には機能不全に陥ります。これが「**士気の低下状態**」です。士気の低い部隊の隊員は、文句を言いながらダラダラと動き、到底戦える状態ではありません。最悪の場合は敗走します。

典型的な例が、日清戦争の日本軍と清軍の違いでしょう。日本軍は正規軍かつ歴戦の猛者が多く、国の将来のために命をかけて戦いました。対する清軍は、雇われの兵隊が多く、「ここで命をかけるのはバカバカしい」と思う兵隊が多かったそうです。結果的に、物量でも装備でも劣る日本の圧勝になりました。**兵士の士気は目に見えない戦闘力**なのです。

部隊の士気が下がった状態で、「命令だから動け！」と指揮官が怒ったところで、隊員は命令違反にならない程度にゆっくりと行動します。最悪の場合、指揮官が部下の隊員に、後ろから撃たれることさえあります。

読者のみなさんも、学校で「偉そうな体育教師に腹が立った」ことや、勤務先で「この管理職のためには頑張りたくない」という心情を抱いた経験が一度はあると思います。それと同様のことが自衛隊でも発生します。

つまり、指揮官の本当の仕事とは、「**合理性のない命令に部下は従わない**」と理解したうえで、「**どうしたら部下が納得して戦えるか**」を考えることであり、名指揮官とは、「不平不満のガス抜きが上手い人」とも言えます。

では、どうすれば部下が納得して戦うことができるのかを解説していきましょう。

なぜやるのかをよく理解させる（企図の明示）

陸上自衛隊では、

「『**ここ掘れワンワン**』**では誰も穴を掘らない**」

という格言があります。

これは、日本昔ばなしの「花咲かじいさん」にたとえた教えです。犬がおじいさんに「ここ掘れワンワン」と言えば、おじいさんは、「わかった！」と一心不乱に穴を掘ります。

しかし、陸上自衛隊の演習で、説明もなく小隊長が、

「ここに待避壕（身を守るための陣地）を掘れ」

と自衛隊員に命令しても、隊員は「なんでここに掘るんだよ……」と思い、心にある「不平不満のスタンプカード」にスタンプが三つほど押されます。

とは言え、命令は命令です。隊員は、「穴掘れワンワン」に近い指示でも、待避壕を一応掘りますが、「構築のスピードが遅い」「必要な深さに達していない」「傾斜角度が違う」など明らかな手抜き工事が行われることがほとんどです。

小隊長が隊員にそれを是正するように指摘しても、

「命令通りに構築したじゃないですか！」

と隊員に文句を言われるのがオチです。

また、指揮官が部下から質問されたときに、最悪な回答として、

「司令部に言われたから」

があります。この回答をした瞬間に、「こいつは何も考えてないアホなんだな」というシビアな判断を隊員から下され、部隊の士気は地まで落ちることになります。

つまり、「**何のためにやっているかわからない**」**と考えた瞬間に、人はやる気を失い、**低クオリティなアウトプットになってしまいます。

そのような事態を防ぐために、陸上自衛隊では、「**命令を出すときは企図の明示を**

しろ」と口すっぱく言われます。「企図の明示」とは、「なぜ行うのか」をしっかりと隊員に説明することです。

待避壕の例では、「ここに待避壕を作れば、いかに命が助かるか」というメリットを隊員にしっかり伝えることです。隊員が、「そうだな、ここなら死なないよな」と思うと、「死にたくない」という本音と「任務達成する」という建前のギャップが埋まり、真剣に待避壕を掘るようになります。

また、どうしても危険な任務を行う際は、「我々が命をかけることで、地域の市民（千人規模）を守れる」など、「**命をかけるだけの価値がある**」と伝えることによって、隊員の動きが大きく変わります。

この「企図の明示」は、民間企業でも通用する方法だと思います。「とにかくノルマを達成しろ」や「明日までに書類を提出しろ」という指示は「穴掘れワンワン」と同じです。

また、リーダーが部下にメリットを上手く説明できない場合は、自分もただ上からの指示だけで動いていると気づいた方がいいでしょう。リーダーになる人は、「自分の指示は『穴掘れワンワン』ではないか、企図は伝わっているか」ということを常に確認すべきだと思います。

相手の本音をよく理解しよう

しかし、どんなに企図の明示をしても、なかなか動かない隊員もいます。これは、「**指揮官のことを信頼していない**」が要因の一つとして挙げられます。

「**何を言うかより、誰が言うか**」と言われますが、「こいつの言うことは聞きたくない」と思われてしまうと、何を言っても相手の心に刺さらなくなります。

信頼関係がないと、任務の重要性や実行するメリットを伝えても、

「どうせ点数稼ぎだろ」

「上っ面だけの意見だな」

とネガティブな反応をされかねません。

嫌いな担任の先生に、

「あなたのためを思って言ってるの」

と言われても、「よく言うよ」と反抗期の中学生が思うように、信頼関係を築けていないと、何を言っても聞く耳を持ちません。

では、相手の心に刺さるようにするにはどうすればいいでしょうか。それは、「**相手の本音**」**をよく理解する**ことです。

自衛官は、誰もが短髪で迷彩服を着用しているため、みんな同じことを考えているように見えますが、人間である以上、考えていることはそれぞれ異なります。同じ役職・年齢・階級であっても、仕事への思いや、プライベートの状況は同じではありません。「国家防衛にすべてを捧げたい人」がいるかと思えば、「結婚したばかりで早く帰りたい人」もいますし、何でも話してくれる人もいれば、「問題ありません」としか言わない人もいます。

人間は、「**この人は自分のことをわかってくれる**」という人に心を開きます。だから、「仕事よりも釣りが大事。休日には釣りに行きたい」という人がいても、「その気持ち、わかるなぁ」

と、まずは**否定せずに本音を受け止めてあげる**ことが大切です。

どうしても本音を話してくれない人がいたら、その人と仲の良い人に話を聞くのも手です。そうした熱心さがあると、徐々に人間関係が構築できます。

時間のない場合は、その集団の隠れたリーダーと信頼関係を築くのも効果的です。

「部族の長と仲良くなると、その部族のメンバーとも仲良くなれる」という法則がありますが、陸上自衛隊では隊員からの人望の厚い准尉・曹長の心をつかめれば何とかなることがよくあります。

いずれにしても、相手の本音をすぐに否定したり、ネットや雑誌で見かけた「Z世代・ゆとり世代の特徴」などを頼りに相手に接する指揮官は、信頼されません。何を言っても相手の心に届かなくなります。

ところで、そうした人間関係のわずらわしさなどをクリアするために、「今の戦争は優れたＡＩに指揮させた方がいいに決まっている」と思う人もいるでしょう。しかし、ベトナム戦争時代のアメリカの国務長官ロバート・マクナマラは、フォード社の社長としての前職の経験を生かし、「統計とデータ分析」よって戦争に勝利しようと考えましたが、結果的に失敗しました。

原因はさまざまありますが、私が思うには、人の生き死にがかかる戦場においては、**指揮官の隊員の心身の管理が最も重要**であり、生産台数と売り上げ台数を統計学的にマネジメントしていく世界とはまったく別物なのです。

そもそも、ＡＩの指揮官の「データとして正しい行動」に自分と仲間の命を託す兵士なんて、きっといないでしょう。人間の気持ちはそんなに単純ではないですからね。

必要以上に厳しい規律が服務事故を招く

武器や兵器を運用する自衛隊では、**厳しい規律**が求められます。しかし、いかに自衛官であっても、必要以上に厳しい規律には**反発心**を抱き、結果として逆効果になることもあります。

たとえば、新任の指揮官が、「服務規律違反が起こるのは、部隊がゆるんでいるからだ」と考えて、規律を他の部隊よりも厳しくすることがあります。

「勤務中はタバコを吸わせない」
「若手隊員を外出させない」
「報告義務の回数を増やす」

などの施策を設けると、部隊の隊員は、

「自分たちは信用されていない」

「この部隊は終わっている」

と不平不満を覚え、指揮官や部隊への不信感へつながっていきます。すると、部隊の雰囲気が悪くなるだけでなく、

「隠れてタバコを吸う」

「隠れて外出をする」

などの不正行為につながります。さらに、隊員同士の仲が悪くなり、演習などで殴り合いの喧嘩が発生することさえあります。そして、部隊への帰属意識がなくなっていき、最終的には、「自衛隊は馬鹿馬鹿しい」と若手隊員が退職し、部隊の弱体化にもつながります。


規律を必要以上に厳しくする指揮官は、「自分の任期中に服務事故を起こされたくない」という保身が強くなり、それを隊員に見抜かれてしまうので、うまくいかないことが多いのです。**理由なき厳しい規律は、人の心を荒ませ、組織への不信感につながっていく**ので要注意と言えるでしょう。

厳しい規律を設けるときには、隊員に対して「**なぜ設けるのか**」と「**いつまで行うのか**」をはっきりと明示する必要があります。

たとえば、「処分に至らない程度の軽い規律違反が発生したため、部隊の引き締めとして2週間は通常以上に規律を厳しくする」など明示するのです。

人や組織は締めつけるだけではダメ

一般的な部下隊員から見て、良い指揮官とは、「**指示は必要最低限、各人に権限を与えて自主裁量の余地を与えて行動させて、ダメなら適切に修正する。いざというときの責任は俺が取る**」というタイプです。このタイプの指揮官の魅力は、「**親分を演じてくれること**」です。隊員は人としての魅力を感じ、心を寄せるようになります。

そして、部隊がゆるんでいるように見えたら、規律を厳しくするのではなく、**律する手段を講じる**必要があります。そのため、それぞれの隊員が熱意を持てる勤務環境を作っていくことが重要です。訓練や運動が好きではなくても、ポスターや標語の作成や料理が好きという隊員もいます。彼らの意見をよく聞き、少しでも興味があることをやらせていけばグチなどは減っていきます。

そもそも、陸上自衛隊は指揮官に自主裁量の余地が多いため、指揮官が自分の裁量でそれぞれに適切な業務を与えることが重要になってくるのです。

まず、「**勤務環境を醸成し**」「**指示は最小限に**」「**適時に進捗を確認し**」「**必要があれば修正すべき方向を示す**」、そして、細かいことに動揺せず、「**どっしり構えて親分らしく振る舞う**」、これが大切ではないでしょうか？

なお、規則があまり厳しくない部隊は、

「陸上自衛隊最後のオアシス」

「隠された桃源郷」

などと隊員から呼ばれているケースがあります。そう聞くと、やる気のなさそうなダメな部隊に思えますが、実はこのような部隊の方が、隊員一人ひとりが、

「この勤務環境を守ろう！」

という意識が強く規律が高いのです。また、新隊員の離職率も低く、優秀な隊員も

長くこの部隊に残りたいと思うので、隊員を育てる環境が自動的に整備され、規律も練度も高い部隊ができあがります。

まるで、『北風と太陽』みたいな話ですが、**人や組織は締めつけるだけではダメ**になってしまうと私は考えています。

相手にも自分にも「期待」してはいけない

戦場において大切なことは、友軍や戦友を信頼し、連携をして戦うことです。指揮官や戦友に対して不信感がある組織は、士気が乱れ、部隊が瓦解してしまいます。

しかし、「相手に何もかも期待してはいけない」という鉄則を忘れてはいけません。

これには、**信頼と信用の関係性**が前提にあります。

信頼とは、「相手に期待を持って信じること」です。相手の性格や普段の立ち振る舞いから「信じてもいいだろう」と思うことです。

信用とは、「それまでの行為・実績から客観的に判断し、相手を信じること」です。過去の実績を確認したうえで、「この人物なら問題ない」と確信を持って思うことです。また、「確かなものとして信じて疑わない」という意味もあります。

仲間の言葉を無条件で信じて、何も確認しないと、

「救援物資が来ると思っていたけど来なかった」

「陣地構築が終わっていると思ったら、何もやってなかった」

など致命的なミスにつながり、一気に自分たちの部隊がピンチになってしまうからです。つまり、過度の期待は相手への依存につながり、部隊・個人としての完結性を失ってしまうのです。依存心が強く、期待ばかりしてしまうと、「きっと、誰かがどうにかしてくれるだろう」という、不確実な願望で現実を歪めてしまうことがあるので、気をつけなくてはいけません。

「救援物資は予定通りに到着するか」

「陣地構築は順調か」

「出発準備は進んでいるか」

と、自衛隊においても、相手に「しつこいな」と思われるくらい、「実行の確認」

をすることが大切と言われています。

この考え方は、**セルフコントロール**にも活かすことができます。自己肯定感を高めるためにも、どんなときでも自分のことを「信頼」してあげましょう。

「自分は良い営業成績を収めることができる」

「理想の恋人と付き合うことができる」

「素晴らしい筋肉を手に入れることができる」

と根拠がなくてもOKです。とりあえず自分を「信頼」してみましょう。

しかし、**自分のことは決して「何もかもできる」と期待してはいけません。**人間は、「できるかぎり楽をしたい」という本能がすぐに働いてしまうからです。

3日くらいは営業活動や筋トレを何とか頑張れても、気がつけば勤務時間中に喫茶店でサボる、休日は寝ぐせでボサボサの頭で、運動せずに部屋でゴロゴロするなど自堕落になってしまうと、自分の信頼を裏切ることになります。だから、自分のことは「信頼しても信用せず」、少しでも続く工夫をしてみましょう。

また、自分に自信がないからといって、何かに依存することはやめた方がいいです。安易な情報にだまされて、人間関係の泥沼から抜け出せなくなります。

自分自身を律するため、頑張った記念の食事会を予約する、パーソルジムに通う、髪の毛を３週間に一度切る、３か月後のマラソン大会にエントリーする、など、ちゃんと実行の確認を自分自身でしていきましょう。

自分を信頼しても信用をしないというスタンスこそが、あなたを理想の自分へ導く道標となるでしょう。

コラム③

陸上自衛隊のユーモア

自衛隊には、**一般人の想像を超えた話**が多く存在します。飲み会ではとりあえずコップを食べれば面白いと思う人、鬼教官のいる教官室にオムツ一つで飛び込む人、「階段を使うのが面倒だ」と2階の窓から飛び降りる人など、普通では考えられないような話が誕生し、伝説として語り継がれていきます。

こういった話をすると、自衛隊を知らない人からは、「ありえない話だ」「作り話だ」とお叱りを受けることもあります。しかし、本当に自衛隊では、一般常識を超えた話が毎日のように生まれるのです。日々記録が更新されるオリンピック会場みたいなものです（と個人的に思っていました）。

なぜ、自衛隊ではこのような話が誕生するのでしょうか？

そもそも、自衛隊は娯楽が圧倒的に少ないです。殺風景で無機質な駐屯地や基地で自衛官は生活します。陸上自衛官であれば、街の明かりから遠く離れた演習場の山奥で厳しい訓練を行うことや、海上自衛官であれば、何週間も大地を踏めない艦艇での生活も日常茶飯事です。

このような環境では、いくら仕事とはいえ、ストレスやフラストレーションが溜まり、人間は我慢できなくなります。

そこで誕生するのが「**ユーモア**」と「**ジョーク**」です。

入隊してから現在に至るまで出会ってきた面白い人たちや面白いエピソードを、みんなで夜な夜な語り、一発芸に磨きをかける隊員が出てきます。そういった面白いエピソードや一発芸は、ベテラン隊員から若手隊員に継承され、さらに若手隊員が新隊員に継承していきます。

そうすることにより、10年前に聞いた話が、なぜかいまだに駐屯地や基地で語り継がれており、『伝説の○○』は××1曹のことらしい」など武勇伝として根付いていきます。

そうした伝説は次第に各駐屯地に広がっていきます。若手陸曹が陸士を集めて、「○○駐屯地の××1曹は実はすごい男で……」と少しずつ話が盛られていきます。伝説が生まれる瞬間です。

そして、新隊員が、食堂でご飯を食べているおじさん陸曹を見て、

「あれが伝説の××1曹!」

と英雄に出会ったかのごとくドキドキするのが自衛隊です。

さらに自衛隊を語るうえで欠かせないのが、「**ギャグ要員**」たちの入隊です。一般的に就職というものは、組織の将来性や個人の特性、自分のやりたいことなどを分析して決めますが、自衛隊には「ギャグ要員」が少数ながら入隊してきます。彼らはたいてい高校や大学において、「人と違うことをしたい」という心情で「ギャグに命をかけて」生きてきた若者です。

自衛隊には、「国家防衛のため」「生活の安定のため」といった理由で入隊する若者も多いですが、実は、「何か面白そうだから」「普通の仕事は嫌だ」という理由だけで入隊する人も、自衛官候補生から一般幹部候補生まで一定数います。

「ギャグ要員」たちは、自衛隊に入隊する前から「笑いが取れるなら裸になる」「笑いが取れるならマヨネーズ一気飲みする」などの常人では考えられない精神を発揮し、娯楽が少ない自衛隊ではあっという間に人気者になれます。

しかし、新隊員の「ギャグ要員」は、古参兵の「ギャグ要員」から、

「お前はつまらない」

とダメ出しされ、それにより、ユーモアが磨かれていきます。

さらに、「ギャグ要員」は、だんだん勢力図が形成され、「○○派」「××派」と流派が分裂するまでになります。そして、飲み会で他流試合が開催され、最終的には流派が一つになります。

そういった「ギャグ要員」の中には、「レジェンド」と言われる「並みのギャグ要員では到達できない高み」を持った隊員がまれに誕生します。そうした「レジェンド」に出会った隊員は、「レジェンドが生み出した至高のネタ」を死ぬまで思い出として持ち続けることになります。

なお、陸上自衛隊では、たびたび、

「**宴会、余興での裸芸は絶対に禁止！**」

と指揮官や先任（曹長）からお触れが通達されることがあります。しかし、ギャグ要員たちは、

「**これは振りなのか？　本当に禁止なのか？**」

と宴会当日まで喫煙所や事務室で議論を行います（もちろん本当に禁止です）。

このように、自衛隊では数々のギャグ要員が跋扈するため、自衛官や元自衛官たち

は、飲み会をするたびに、「レジェンドが生み出したエピソード」を披露し、ポケモンバトルのように戦わせるのです。自衛官の話はおとぎ話のようなエピソードが多く、「盛りすぎだろ」と言われてしまうのには、こうした自衛隊特有の理由があるのです。

私は、自衛隊の面白話のことを「**マジック・ユーモア**」と名付けることにしました。つまらない自衛隊生活という土壌に、ネジの外れた男たちの生み出すエピソードが大爆発を起こし、自衛隊の面白話は現実離れしたユーモアとして輝きます。しかし、それらの話は現実社会と乖離し、どことなく浮世離れした印象があり、一般人には信じがたくなります。

現実にあったことでも、まるでアラビアンナイトの空飛ぶ絨毯や魔法のランプのようなおとぎ話になってしまうので、「マジック・ユーモア」なのです。

第5章

自衛隊で学んだものごとの見方・考え方

人は3日経てば恩を忘れる

自衛隊の災害派遣にあたり、次のような戒めを若手隊員に語る人がいました。

1日目は英雄として迎えられる。
2日目は作業員になり、
3日目から不平不満を言われる。

初日は被災者から、人命救助などの「生命」や「安全の確保」に関わる任務が多いため、

「ありがとう！　本当に助かった！」

と感謝の言葉が多く、隊員は、「被災者のために一生懸命頑張ろう」と思います。

しかし、日が経つにつれて、人命救助から給水活動などの民生支援にシフトしていきます。自衛隊が活動をするのは当たり前になり、最初の感謝は薄れ、被災者は、「作

業していて当然だね」という感覚になっていきます。

また、自衛隊は民需圧迫を避けるため、日が経つに連れて公共のインフラが整ってくると、支援体制を徐々に簡素化していきます。自衛官がいつまでも無料で食事を配ってしまうと、街のスーパーが潰れてしまい、自治体としての回復力まで奪ってしまうことになるからです。

自衛隊における災害派遣は、あくまで「**従たる任務**」であり、「**緊急性**」「**公共性**」「**非代替性**」**の原則**にもとづいて行動します。つまり、行政と地方自治体がパンクしている間だけ、一時的にサポートするのです。

災害とは、最終的には被災した自治体自体が解決すべき問題なのです。だから、「今日は避難所の人のために、とびきりのステーキを作るぞ！」などはしないのです。

しかし、被災者の側からすると、長期間の避難所生活でストレスが溜まり、「自衛隊は、俺たちのためにもっとできることがあるんじゃないのか！」と憤りを覚える人もいるのが現実です。そのため、最終的には、

「自衛隊の飯はまずい」

「ここの瓦礫は撤去できないのか」

「もっと俺たちの生活環境をよくしろ！」

「自衛隊も便所掃除を手伝え！」

「俺たちは被災者だぞ！　もっと大切に扱え！」

などの不平不満が直接、自衛官に投げかけられることも起こります。

何も知らない若手隊員は、この対応の変化にショックを受けてしまいます。ですので、事前に、「人の気持ちは変わっていく」という戒めとして、「1日目は英雄として迎えられる。2日目は作業員になり、3日目から不平不満を言われる」という言葉を伝えているようです。

人は何かの恩恵を受けたときに、最初は、「ありがとう！」と心から感謝をします。しかし、感謝にはすぐに慣れ、当たり前の日常になり、最終的には「こんなものじゃ足りない」と思うようになります。

ですが、**相手に恩恵を与えている人の気持ちは変わりません**。常に「相手のために」と考えて行動をしています。その分、相手から不平不満を言われると、ショックを受けることもあります。

日常はもちろんのこと、有事のときこそ、相手への感謝を忘れずにいたいものです。

「日本しか知らないものは、日本をも知らない」

この言葉は、第7代防衛大学校校長の西原正先生が学生に伝えた言葉です。

西原先生は、学生に、「防大以外の社会と接触を持つこと」や、「できるだけたくさん海外に行くことの必要性」を説き、自分の殻に閉じこもってはいけないと伝えました。保守的・閉鎖的な組織になりがちな自衛隊という組織だからこそ、西原先生は、**「日本しか知らないものは、日本をも知らない」**という言葉をのこし、学生に広い知見を持つように求めたのです。

たしかに、日本から出ず、ずっと日本で生活していると、当たり前に行っていることとの「良し悪し」がわからず、本質を見失ってしまうことがあります。

私は、以前、インド放浪の旅に出かけたことがありますが、インドでは空港で飛行機が数時間規模で大幅に遅れていても、航空会社のスタッフは申し訳なさそうな顔をまったくしません。それどころか、「飛行機は飛ぶから文句を言わずに待ってなさい」という雰囲気すらありました。

日本で同じ対応をすれば、「なぜ飛ばない！」「ふざけるな！」と大騒ぎになり、スタッフは写真を撮られてSNS上にさらされてしまうことでしょう。しかし、インド人は、「仕方ねえな……」という顔をして、それぞれ暇潰しをして待っていました。

　このケースから私は、

「もしかしたら、日本は社会の寛容度が低いために、客に対して丁寧な対応をせざるをえないのでは？」

という考えが浮かびました。このように海外との対比があるからこそ、日本社会に気づけることが多く、改めて西原先生の教えを実感しました。

　ある陸上自衛隊の幹部は、インドの士官学校に留学したときに、陸上自衛隊とそもそもの戦い方の基礎から違うことに驚いたそうです。陸上自衛隊では夜戦は隠密行動が基本ですが、インドでは、「人がいっぱいいるから、夜襲はあえてドンチャン騒ぎしながら突撃すると敵が混乱して良い」という戦術があるそうです。

　インド軍のやり方を知ることによって、「なぜ、日本は夜戦で隠密行動し、インドは派手な突撃を採用するのか？」と比較して考えることができます。そこから、文化的要因、歴史的要因、物的要因、人的要因と次々に細く分解することができるようになるのです。

これは、日本と外国の比較以外にも応用できます。**自分の所属している組織や住んでいる地域を深く知るために、別の組織や違う地域と交流をすることで、新しい発見が見つかる**と思います。ぜひ心がけてみてください。

自衛隊と韓国軍は仲が悪い？

一国の政府が、他国政府と政治や領土問題などで対立している場合でも、現場レベルで見るとまったく問題のないケースがあります。

たとえば、インドのラダック地方は、中国と国境を接していることから、小競り合いが時おり発生していて、強い緊張関係にあるように思えます。しかし、私が実際に現地に行ってみたところ、こんな印象深い話がありました。

「ラダックの国境警備隊は地元の人ばかりで、中国の国境警備隊とも毎日顔を合わせていたので、現場同士の仲は良かった。しかし、部隊の配置が代わり、中央からの部隊が配属となったため、緊張が一気に高まって小競り合いが発生するようになった」

つまり、現場レベルでは相手国との人間関係ができていて仲が良かったとしても、急な配置変換によって、人間関係のない部隊が配置されると、かえってリスクが高まることがあるのです。

では、日本について、**自衛隊と韓国軍との関係**を見てみましょう。

意外かも知れませんが、国際貢献活動の業務などで、韓国人と「個人」としてやり取りする場合、日韓双方に「**こいつ話がわかるな**」と思うことが多いそうです。世界各国の軍隊が集まる国際貢献活動の場では、常識やマナーが通じない他国の軍人と比べて、「韓国軍はとても共通点が多いな」と感じることもあるそうです。見た目も似ているので、親切にしてくれる人も多いようです。

しかし、そんな個人的には親切な韓国軍人も、利害関係の対立する「組織」と「組織」のやり取りになると、急に冷たくなったり、喧嘩腰になったりすることがあるそうです。

このエピソードは、一昔前の日韓関係の縮図みたいだと感じました。私も韓国陸軍と交流したことがありますが、陸上自衛隊と文化や考え方が近くてなじみやすいと感じました。言葉も同じ意味・発音のものがいくつかあり、「準備（ジュンビ）」「気分（キブン）」「約束（ヤクソ）」「満タン（マンタン）」などは同じでした。

また、38度線を見学したときに、日本の大学に留学中に徴兵で帰ってきた韓国軍兵士に出会ったことがあります。彼は、流暢な日本語で「僕は軍隊が嫌いだし、迷彩服も嫌なんですよ。早く日本に帰りたいですよ」とやる気なさげに言っていました。その姿を見て、「陸上自衛隊のやる気ない陸士みたいだなぁ」と私は思いました。

政治的には緊張関係にあっても、現場は異なります。外交の話と個人の付き合いは分けた方がいいでしょう。

最近入隊してくる若手の中には、「韓流大好き」という隊員も増えているようです。一昔前まで「韓国憎し」と言わんばかりの新隊員が多かった時代もあるので、世代は変わったなと思いました。

この若い世代の感情の変化はＳＮＳの進化が大きいと思います。昔のネット社会は、情報がある意味では一方通行のものが多かったですが、今は個人個人が発信する時代です。その時代の変化の中で、古い世代の思惑とは別に、日韓双方に日本と韓国は親しみのある関係と思う若者が増えてきたのだと思います。

私はこれは良いことだと思います。時代が経っても解決しない問題もありますが、次の世代でしか解決できない問題も確かにあるからです。

そして、緊迫感を増す東アジアにとって、日本と韓国は対立している余裕はもうないでしょう。貴重な民主主義陣営のパートナーとして共に歩んでいくことが重要ではないでしょうか。

戦争でも「敵への敬意」が必要な理由

戦争になると、お互いに憎しみ合って殺し合うというイメージがあります。ですが、そうした殺伐とした世界にも、**敵将兵への配慮**は存在します。

日本人は、戦争というと、「鬼畜米英」に代表されるような「歪んだ敵」を倒すという正義感で戦うイメージがあると思いますが、**日露戦争**のときは、武士出身の軍人と騎士出身の軍人が多かったため、双方に**武士道精神**と**騎士道精神**を持ち合わせた戦いになったと言われています。

有名なのは、ロシア軍の敵将が旅順要塞を攻略した乃木希典大将と会見したときのことです。アメリカ軍記者が、「会見の様子を一枚撮りたい」と申し出たところ、「敵将にとって後世まで恥が残る写真を撮らせることは、日本の武士道が許さない。しかし、会見の後、我々がすでに友人となって同列に並んだところならば、一枚だけ撮影を許可しよう」

乃木大将がそう言って、敵の将軍と共に記念撮影に応じたという逸話があります。

また、オーストラリア軍は、第一次世界大戦において、オスマン軍との**ガリポリの戦い**で手痛い敗北を喫しました。しかし、オーストラリアのブリスベンにあるガリポリの戦いの戦死者の慰霊碑には、オーストラリアの国旗と同じ大きさのトルコの国旗が描かれています。まるで、ラグビーのノーサイド（試合が終われば敵味方関係なく称え合うこと）のようで感動しました。

つまり、政治的破局によって、時が敵と味方に分けただけであり、**偉大な軍人とは双方に尊敬されるべき存在**なのです。この敬意を失ってしまうと、戦争犯罪や捕虜虐待などの残虐な行動につながってしまいかねません。

過去を振り返れば、「ソ連軍によるカチンの森事件」「日本軍による米軍捕虜への虐待」「ソ連による日本人などのシベリア抑留」などがあり、現代でも、「アメリカ軍によるイラク人捕虜への虐待事件」「ロシア軍によるウクライナのブチャの虐殺」などの悲惨な事例になってしまうのです。

お互いの立場としては「憎き敵兵」だとしても、個人で見れば「人格者」であることも珍しくありません。味方の部隊にいる「意地悪で面倒くさい先輩」よりも、人として見れば敵兵の方がよっぽど優しい場合のことさえあります。

特に正規軍同士の戦いは、理由はどうであれ、お互いに任務として戦っているという事実があるので、ある程度の敬意が必要になります。古今東西の文献には、よく、「敵兵ではあるが、立派なものだ」という言葉がのこされていますが、敵兵であっても尊敬できる行動があれば、そこは尊重すべきなのです。

また、ずっと戦っていると心が荒んでくるからこそ、敵の負傷兵を平等に扱う、敵兵の遺品を相手に渡す、遺体を引き渡す、などの対応も必要になってきます。そのような対応をすることで、敵側にある味方兵士の遺品の交換に応じてくれることがあるからです。

これは、人生においても大切な考え方ではないでしょうか。現れる敵やライバルは、たしかに憎いヤツではありますが、**相手の能力や行動をすべて否定せず、尊敬できるところは尊敬した方がいい**でしょう。そのような気持ちをすべて忘れてしまい、「相手のすべてが憎い！」となると、よからぬ行動に走ってしまうものです。

敵をあえて尊敬することが、フェアプレイにつながるのではないでしょうか。

兵器の性能を引き出すのは人間のクソ度胸

戦争では、「兵器の性能」がよく注目されます。ですが、それ以上に重視されるのは、「**兵器を扱う人間の度胸**」だと私は考えています。

高度にＡＩ化した兵器ならともかくとして、戦闘機や戦車などの兵器は、人が乗り込んで操縦します。大砲などの火器も人が運用をします。また、ＡＩ兵器もどこかで、それをコントロールしたり、整備したり、運搬する人間が戦場にいます。当然、彼らは命を狙われやすくなります。結局のところ、どこかで人の度胸が必要なのです。

当然ながら、最新のステルス戦闘機であっても、操縦する人が、「自分は死にたくないから乗りません」と言えば、ただの置物になります。つまり、「最新の兵器さえあれば勝てる」というわけでもないのです。

戦車と歩兵の戦闘を例に説明しましょう。戦車は、戦闘力もさることながら、歩兵に大きな心理的効果を与えます。戦車を間近で見ると、まるで「巨大な鉄のイノシシ」です。生き物のように振動し、数十トンの巨体が爆音をあげながら前進する姿は、まさに恐怖です。「こんなものに人間が勝てるわけがない」と心の底から思います。味方に戦車がいれば、士気が大きく上がります。逆に、敵戦車に遭遇すれば絶望を感じます。

しかし、そんな戦車に歩兵が対抗する手段があります。それが、対戦車兵器です。対戦車兵器は、大きく分けると「無反動砲」と「誘導弾」があります。無反動砲はバズーカのように直接照準で撃ち、誘導弾はシステムでロックオンし、発射します。

誘導弾の方が命中精度は高く、戦車を撃破できる確率が高いですが、問題は値段です。現在、ウクライナで配備が進んでいるジャベリンの誘導弾は、1発2000万円と言われており、かなり高コストになります。

誘導弾が使えない場合は、無反動砲で戦うことになります。無反動砲で敵戦車を倒すのに必要なもの、それは「**クソ度胸**」です。

誘導弾とは異なり、無反動砲は敵戦車に肉薄しないと、まず当たりません。つまり、もしもハズしたら、それは即、死を意味するということです。敵戦車からの機関銃の反撃で、あっという間に蜂の巣になります。

ただ、そんな戦車にも弱点があります。一つは、戦車の前方は装甲が厚いですが、後方は薄くなっているということ、もう一つは、「視界が悪い」ということです。つまり、接近をした歩兵が後方を攻撃すれば、戦車を撃破できるということです。

「俺が死んでも戦車だけは倒してやる!」

という気概で、重い無反動砲と弾を持って戦車に忍び寄り、弾が命中をすれば、戦車に勝つことができます。また、ジャベリンなどの誘導弾であっても、結局は戦車が視認できる位置まで接近しなくてはいけないので、安全なところに隠れて、そこから戦車を倒せるわけではありません。

ウクライナでの戦いで、ウクライナの歩兵がロシアの戦車を撃破したというニュースが度々ありますが、それは、そうした「クソ度胸」を持った人たちの勇気の成果なのです。

軍人は何のために戦っているのか？

軍隊とは国防の基盤であり、軍人は、政府からの命令があれば「死ぬ気で戦う」というイメージがあると思いますが、実はそうではありません。

軍人とは、時の政権や資本家のために戦うのではなく、**自分たちの文化・家族・誇りを守るために戦う**ものです。政権が頼りなく、国家指導者に対する反発が強い場合や、「戦争の意義がわからない」という場合は、軍隊は戦わずに敗走し、あっという間に国家が転覆することがあります。

たとえば、第一次世界大戦において、ドイツ帝国は国内がほぼドイツ人だったので

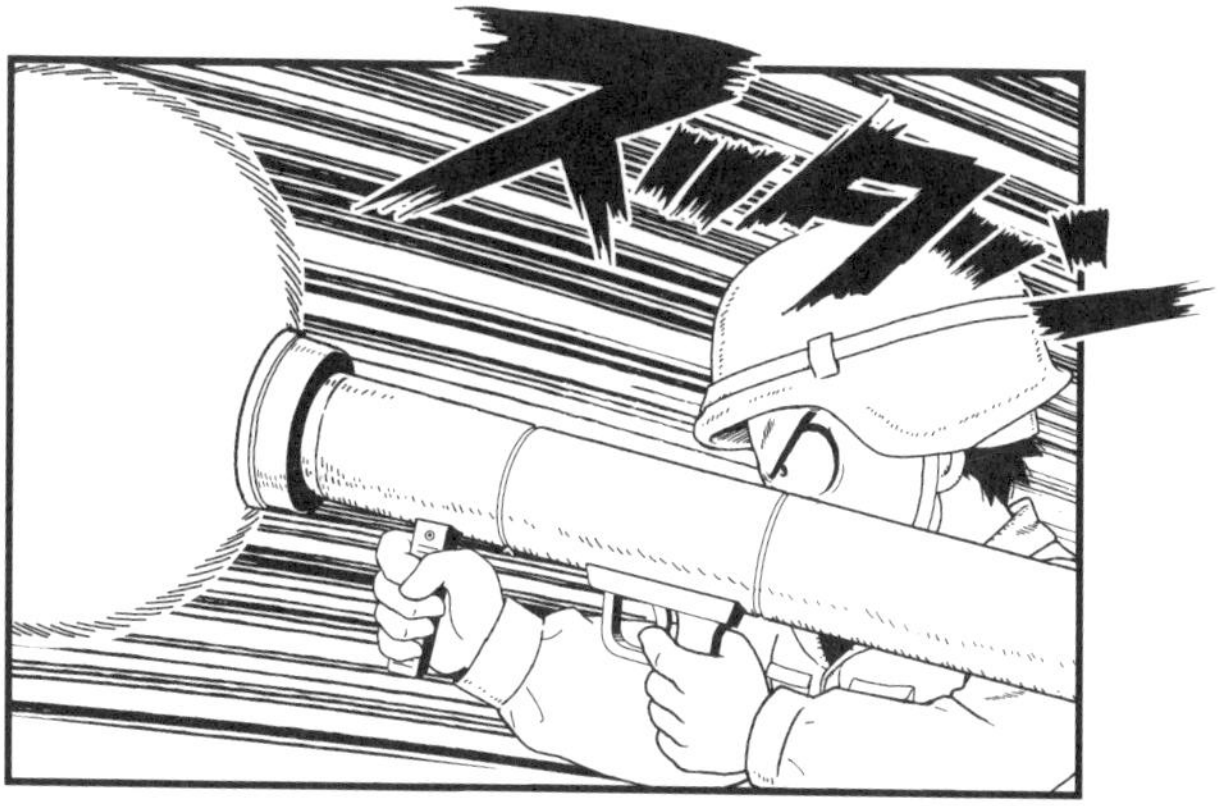

ドドン

戦う意欲も目的も明確でしたが、同盟国のオーストリア＝ハンガリー帝国は複雑な多民族だったため、「何のために戦争をやるのか？」「なぜ、国のために戦うのか？」「そもそも兵士に公用語が通じない」などと問題だらけで、どちらかというと開戦当初はドイツの足を引っ張ってしまったという歴史があります。

また現代では、サダム・フセイン政権のイラク軍が該当します。２００３年に勃発したイラク戦争で、イラク軍は多国籍軍になす術もなく敗退しましたが、これは「兵器の性能」や「戦術の差」だけではなく、「そもそもイラク軍に戦う気がなかった」という要因も大きかったのです。

イラク戦争では、圧倒的な軍事力を持つ多国籍軍に航空優勢を取られ、救いようのない不利な状況に加え、国内で恐怖政治を行い、無謀な戦争を繰り返すフセイン政権のために戦おうという軍人は少なく、撃破した戦車を調べても、「遺体がなかった」というケースが多かったそうです。

「戦う価値がない」と軍人が思うと、どんなに兵器がそろっていても戦わなくなるのです。「こんな腐った政府は早く倒れてしまえ」と多くの国民が思っているのに、死ぬ気で戦うわけがないのです。

ただ、前に述べた通り、軍人は「自分たちの文化」や「民族としての誇り」を守るために戦います。イラクを例にすると、フセイン政権が倒れた後に、イラクの人々は、「これで国が良くなる」と思いました。しかし、アメリカ占領後、電力・水道・ガスなどのインフラは、フセイン政権のときよりも悪くなり、アメリカによる介入が強くなったため、元イラク軍人が武装勢力となり、泥沼化したという見方もあります。

現在、ロシア軍と戦っているウクライナ軍も、指導者であるゼレンスキー大統領とその政権のために戦っているのではなく、自分たちの家族や土地、文化をロシアに支配されたくないから命をかけて戦っているのだと私は思います。

他国から侵略を受けたとき、あなたはどうする？

日本のメディアはよく、

「あなたは国のために戦えますか？」

というアンケートを若者に取っています。

しかし、これは質問としてよくないと思います。あまりにも漠然としています。人間には「死にたくない」という本能があるので、「いいえ」と答えて当たり前です。

私ならこのように質問してみたいです。

［質問］他国から侵略を受けたとき、二つの選択肢があります。あなたはどちらを選びますか。

A　自分たちの大切な人や文化、生活を守るために武器を持って戦う。

B　戦わない。自分たちの大切な人や文化、生活が失われても抵抗しない。

具合が悪くなりそう質問ですが、**侵略されるということは、すべての決定を占領国に委ね、そこにどんな不条理があっても受け入れるしか選択肢がなくなるということ**です。資産をすべて没収され、車両の運転も禁止、家族と離ればなれになり、先祖代々の墓をほじくり返され、日本語は使用制限がかかり、聞いたこともない僻地に居住を命じられ、農場や工場で過酷な労働をさせられる可能性があります。

日本が他国の侵略を受け、政府が武力に倒れ、侵略国が、

「みんな、戦わずに降伏してくれてありがとうね。日本政府はもうないけど、僕たちがもっといい国にするよ」

と宣言し、より良くなる保証などどこにもありません。そもそも、そんな優しくて温かい国ならば、最初から日本に武力侵攻してこないでしょう。

もちろん、Aを選択すれば、相手を殺さなければなりませんし、自分が死ぬかもしれません。「死ぬ」ということは恐怖ですが、「**心を殺しながら生きる**」という生活は絶望です。選択肢としてはどちらも最悪ですが、よく考えたうえで自分が少しでもマシだと思う選択肢を選ぶしかありません。

もし、日本政府が恐怖政治をして国民を虐げながら、政治家が腐敗して私利私欲を貪っていたら、他国に倒してもらった方がいいかもしれません。しかし、侵略国と日本とを比べて、「今の日本政府の方が全然マシ」と思うなら戦うしかないでしょう。これが「命をかけて戦う」ということの本質だと私は考えています。

自衛隊では、「使命感」の一つに「**先祖より守り抜いてきた祖国を次の世代に受け継ぐこと**」があると教えることがあります。おそらく一般の人にはあまりピンと来な

いでしょうが、時代をさかのぼって、鎌倉時代に元が襲来したとき、鎌倉武士が元軍と北九州で戦わなければ、現在、日本という国は存在せず、中国領の島があるだけになったかもしれません。ペリー来航時に日本が荒れ果てた国家だったら、きっと、アメリカの植民地になっていたでしょう。

この世界には、国を持つことのできない人々が大勢います。クルド人は世界に4000万人くらい存在すると言われていますが、さまざまな事情により、現在に至るまで自分たちの国を持つことができません。祖先から受け継いだ、文化、伝統、土地を守り抜くということは、限られた民族しか享受しえない幸せなのです。

日本では「愛国心」や「愛国者」という言葉には政治的な響きがありますが、英作家のジョージ・オーウェルは、愛国心について次のように表現しています。

「ナショナリズムと愛国心ははっきり違うのだ。二つの言葉はふつうきわめてあいまいに使われているから、どんな定義を下してみても異論が出るだろうか、(中略)わたしが『愛国心』と呼ぶのは、特定の場所と特定の生活様式にたいする献身的愛情であって、その場所や生活様式こそ世界一だと信じてはいるが、それを他人にまで押しつけようとは考えないものである」

つまり、オーウェルの意見では、愛国者とは保守・リベラルなどの政治思想は関係なく、生まれ育った土地の川や自分の国の文化が好きならば愛国者だといえます。そして、「愛国心」と排他的な「ナショナリズム」は分けて考える必要があるのです。

戦中の日本軍の将兵は、「**お国のために**」を合言葉に戦っていました。作家で従軍経験のある伊藤圭一氏は、このように述べています。

「兵隊たちは、つねに『お国のため』という合言葉を信条として、非条理な軍隊内務生活に耐え、また過酷な戦場を、生き、戦ったのである。『天皇のため』という、もっともらしい押しつけの修飾語は、兵隊は好まなかった。（中略）『お国のため』――という言葉には、覚悟と諦観が同時に存在し、また、その言葉の裏には『おふくろのため』『好きな女のため』という、兵隊各自の解釈による思いがかくされていたのである」

この「自分の大切なもののために戦う」感情こそが大切だと私は思っています。

あなたが自分の家族、生まれ育った土地の自然、先祖代々の土地やお墓、日本語の好きな詩があり、それをずっと守っていきたいと考えるのであれば、それなりの愛国者ではないでしょうか。

陸上自衛官も誰かの「大切な人」である

私が新米の幹部自衛官だったころ、定年前のベテラン幹部から、「**訓練を考える前に、隊員の家族構成とライフイベントを掌握しなさい**」と教わりました。

当時の私は、「ライフイベントよりも訓練が優先だろ！」と息巻いていました。そこで、ベテラン幹部は、なぜ、そうすべきなのかを教えてくれました。

「俺たち陸上自衛官は有事には命をかけて戦わなければならないし、災害派遣でプライベートな時間を大幅に失うことも多い。もしな、明日、死ぬかも知れない任務があったとして、今日、訓練で息子の運動会に行けてなかったらどうだ？　悔いが残るだろ」

それを聞いた私は、ハッとしました。結局、陸上自衛官は、陸上自衛官である前に誰かの父母であり、パートナーや恋人であるのです。しかし、訓練や国防のためにさまざまなことを犠牲にして、訓練や任務に臨んでいるわけです。

つまり、部隊が士気高く、強い団結心を持たせるには、「子供の入学式」「子供の運動会」「結婚記念日」「妊娠・出産」などのライフイベントは、他人事ではなく自分事としてマネジメントしていくことが大切なのです。

「事に臨んでは危険を顧みず」とは

自衛官の宣誓書には、「事に臨んでは危険を顧みず」という文言が入っています。危険とは、「自分の命の危険」を指しますが、この文言は警察官と消防士にはありません。

もちろん、警察官も消防士も命がけで市民を守ることがありますが、その性質は少し自衛官とは異なります。消防の教育では、「殉職は恥だから絶対にするな」という話をすると聞いたことがあります。

もちろん、市民を守るために殉職をされた隊員に対する敬意や厚い弔いは非常に大切ですが、「殉職はとても名誉なことだ」と勘違いをすると、無謀な行動をとる人が現れます。そうした行動で命を落とすことがないように、あえて「恥」という言葉を使っているのだと思います。これは、「危険な場所に何も考えずに飛び込むな」「任務中に死なないように知恵を絞り出せ」という戒めです。

いずれにしろ、警察や消防は、「市民を危険から救う」という任務があるので、殉職する可能性は他の職業よりも高いですが、高確率で命を落とす可能性のある現場への出動は例外を除いてはありませんし、殉職はあくまでも「不運な事故」です。

ところが、自衛隊では、「殉職は恥」という言葉は存在せず、「少しでも死ぬ確率を減らせ」という教えになってきます。**殉職は「不運な事故」ではなく「避けられない宿命」のようなもの**だからです。

消防士の世界は、「火災は消火し、人命救助もできたが、隊員が1名亡くなった」という結果は、「任務失敗」でしょう。しかし、陸上自衛隊では、任務に参加した隊員がほぼ戦死しても、指定された陣地を守れていたら「任務達成」になるのです。この違いはかなり大きいでしょう。

幹部自衛官の教育では、

「そんな適当な命令で隊員が死んだら、一生後悔するのはお前だぞ！」

と教官から言われることがありますが、部下の隊員を必要以上に死傷させないためにも、指揮官は頭に汗をかかないとダメなのです。

陸上自衛隊での幹部候補生学校の教育では、かつての日本軍の指揮官で優秀だった人は、「**部下を見捨てなかった人**」と教えられます。

逆に、どんな功績があっても、「部下を見捨てた司令官」は現在に至るまで悪しき見本であると徹底的に教育されます。文字通り、部下を見捨てて自分の命だけを守る指揮官は、「**末代までの恥**」なのです。

また、防大時代に防衛学の講義で、兵器解説があったときに、海上自衛隊の教官が、「このミサイルは護衛艦のレーダー発信を感知して飛んでいく優れものだ。もし有事になったら、この中の2～3人はこのミサイルで死ぬと思うよ」と解説したことを覚えていますが、自分がやられるかもしれない兵器だから、ちゃんと知っておけということです。

一方で、自衛隊は平時においては、日ごろから危険な人物への対応が求められる警察官や火災の現場で対応にあたる消防士と比較をすると、殉職をするリスクはかなり低いです。特にやることがない日は、午前は駐屯地の草刈り、午後は駆け足と自主トレーニングで終わることもあり、資本主義の視点から見れば、生産性がゼロなこともあります。

ただ、いざ有事出動となると、「**生きるか死ぬかは運命次第**」**という世界になる**ので、殉職リスクの振れ幅はかなり大きいです。

吉田茂元首相は、防大1期生に次のような言葉をのこしています。

君たちは自衛隊在職中決して国民から感謝されたり、歓迎されたりすることなく自衛隊を終わるかも知れない。非難とか誹謗ばかりの一生かもしれない。ご苦労なことだと思う。しかし、自衛隊が国民から歓迎され、ちやほやされる事態とは外国から攻撃されて国家存亡の危機にある時とか、災害派遣の時とか、国民が困窮しているときだけなのだ。言葉を変えれば**君たちが日陰者であるときのほうが、国民や日本は幸せ**なのだ。

自衛官は、「自衛隊は素晴らしい！」「日本の誇り」という論調が出てくると嬉しい反面、「もはやそういう時代だ……」と少し暗い気持ちになります。このパラドックスが、自衛官という職業の大きな特徴ではないでしょうか。

しかし、「じゃあ、自衛官は有事の際に本当に覚悟を決めて死ねるのか」と問われると、また別の話になってきます。

理由は、「その場にならないとわからない」からです。普段から、「自分は国のために死ねる」と言っている人が、有事の際には震えて脱走することもあるでしょうし、普段は何も役に立たず、文句ばかり言っている人が、「自分は最後まで戦う」と目の色を変えて活躍することもあると思います。

「わかる」と「できる」の差は大きいと言われますが、有事出動も同様かと思います。

戦場という平時のセオリーが通用しない現場であれば、なおさらです。

「自分の娘とその将来を守るために戦いたい」という人もいれば、「子供が生まればかりだから死にたくない」という人だっているでしょう。

日常生活ではどうしようもない問題児が、倒れている負傷者を何人も担いで帰ってくることもあるでしょうし、平時では偉そうなことを語っている人が、いざとなると青ざめて役に立たなくこともあるでしょう。

しかし、「あの人はよく偉そうなことを言っていたけど、有事では立派に戦って死んで偉かった」といった答え合わせはナンセンスなので、答えなんて永遠にわからなくていいのです。

死んでいないから生きている

死生観の話はどうしてもやや重めになりますが、最後に私がよく思っているメンタルハックに使えそうな言葉をお伝えしておきましょう。

まず、一つ目は、「**死んでいないから生きている**」です。

今の世の中は、「なりたい自分」「人生の夢」「理想の日々」などの言葉で溢れています。しかし、そうした自己啓発書やビジネス書に書かれているような人生の目標に向かって日々生活している人など、ごくわずかでしょう。

多くの人々は、日々の生活や仕事に追われて疲れ、「自分の人生の目標がわからない……」「何のために生きているのか……」と悩んでいることでしょう。

そんなときこそ、「**死んでいないから生きている**」と思ってください。

人生に意味を求めると答えは出ませんが、今生きている理由は、「**朝、目が覚めたときに死んでいなかったから**」が一つの正解です。

それだけのことにあれこれ理由をつけて悩んでしまうのは、かなり疲れているか、単純にヒマなのかのどちらかでしょう。

どうせ死ぬならやってみよう

二つ目は、「**どうせ死ぬならやってみよう**」です。

「どうも自信がない……」「失敗したらどうしよう……」という思いが頭をよぎったら、「**どうせ死ぬし、やってみるか**」と考えてみてください。

ずっと健康で生きていると思って何もしないと、いざ、病気やケガになったときに、「健康なときにやっておけばよかった……」と間違いなく後悔します。

人間が死ぬ前に後悔することとして、

「もっと挑戦しておけばよかった」

「失敗なんて恐れるんじゃなかった」

と考える人が多いそうです。

そう考えると、死ぬ前の後悔をなくすためにやってみる価値はあります。

死に場所を決めておく

三つ目は、「**死に場所を決めておく**」です。

「死に場所」というと日常生活で使わない少しワイルドな表現ですが、「**死んじゃいけない場所で死ぬな**」と自分に言い聞かせることに意味があります。辛いときに、「自分の死に場所はここじゃないな」と思うことで、辛い負の気持ちをある程度抑えることができます。

死に場所は、「自分が本当に頑張れる状況」や「大好きな場所」でも、どこでもい

自分の死に場所は
ここじゃない…。

いです。もちろん、本当に死んでしまう必要はありませんが、「これが本望です」と思えるような死に場所を決めておくと、それ以外の場所で困難に直面しても、「**ここで死んじゃいけないな**」と力が湧いてくるものです。

「死」という言葉は不吉でもありますが、あえて死を意識することで現在の生が際立つことがあります。「ずっと生きているわけではない」「ここで死ぬべきじゃない」と思うことで、生きていることの目的がより明確になることすらあります。

ポケットサイズの「死」を懐に忍ばせておくのもまた一興でしょう。

胸に手を当てる

四つ目は「**胸に手を当てる**」ことです。

私の知っている空挺隊員の話ですが、3・11のときに原発の対応に当たることになり、上官から、

「これから行う任務は、もしかしたら明日、原発に突撃して、自らの命と引き換えに原子炉の爆発による日本の崩壊を防がないといけないかもしれない。申し訳ないが、諸官らは、その覚悟を決めてくれ」

と言われたそうです。そのとき、彼は19歳の若者でした。しかし、不思議と誇らしい気持ちになったそうです。

「**もし、自分の命と引き換えに、多くの人々を救えるのであれば、この命を投げうつ価値はあるぞ**」

もちろん、これは個人の意見であって、自衛隊の公式見解ではありません。しかし、私は、彼からこの話を聞いたときに、大きな感銘を受けるとともに、「なぜ、特攻隊の若者が笑顔だったのか？」の疑問が解けたような気がしました。

鹿児島県の知覧特攻平和会館に行くと、明日にも特攻で命を落とす少年兵たちが、笑顔で子犬と触れ合っている写真が飾ってあります。人々はその写真を見ると、「なぜ、彼らは笑顔だったのか？」という疑問を感じます。

私は、特攻とは「作戦の外道」であると考えますし、少年たちの命を奪った当時の大日本帝国大本営の考え方は愚かだったと思います。

しかし、特攻隊で命を落とした少年兵たちに関しては、愚かだったとはとても思えません。むしろ、私は空挺団の若者の話を聞いて、特攻隊の尊い心は永遠だと感じたのです。

つまり、特攻隊の彼らは、私たちの未来のために、「もし、自分の命と引き換えに多くの人々を救えるのであれば、この命を投げうつ価値はあるぞ」と思って、笑顔で大空に旅立ったのだと感じたのです。

こうした考えには、多くの矛盾や問題点が存在するのはたしかです。しかし、私たちが生きているこの世界は、特攻隊の少年にとって、「命を投げ出しても守りたい未来」の一部だったと言えるでしょう。

今の世の中を、「平和で豊かで安全で平等な社会」と言うには、もちろん、まだまだ至らない部分があるのは確かですが、戦前の日本より、はるかに素晴らしい国であるのは疑いの余地もありません。

もし、あなたがどうしても死にたくなったら、1回、胸に手を当てて、特攻隊の少年の気持ちを考えてみましょう。

きっと、あなたが今、どのような状況にあっても、特効隊の少年たちは「生きてほしい」とあなたに言うでしょう。

私たちは、漠然と生きているように思えて、いつも誰かに生かしてもらっているのです。そのことに感謝しましょう。

おわりに

本書を最後まで読んでいただき、ありがとうございました。

私は防大を卒業し、自衛官として勤務し、その後は会社員として働いていた経歴がありますが、会社の同僚や上司と話すと、「自衛隊への理解」「防災への意識」や「国防の基本概念」がほぼゼロに近いと常々思っていました。

昨今は、メディアでも「陸上自衛隊特集」や「自衛隊を題材にしたドラマ」などが放送されています。しかし、それは泥臭さのまったくない「きれいすぎる内容」であり、私は「なんか違うんだよな」と個人的に違和感を覚えていました。

現職の私の同期は、「テレビで自衛隊を見ると、『これは本当に俺の職場なのかな?』って思うんだよな」と言っていました。おそらく他の現職も似たような印象を持っているのでしょう。

一方で、メディアの中には、「自衛隊はパワハラだらけ」とか「戦えない組織」などと自衛隊を一方的に叩いている報道もあります。そうした報道を目にすると、内情を知る私としては、「本当に適当な記事だなぁ」と思うことさえあります。

つまり、現状としては「自衛隊のことを国民はよくわかっていない」「メディアの自衛隊賛美とバッシングが極端すぎる」などの課題があると考えています。

しかし、現職の自衛官は、「主張ができない存在」です。「自分はこう思っている」ということを、メディアではもちろん、SNSで発言することも好ましいことではないと内部で言われています。それゆえ、メディアにより、「自衛隊は素晴らしい」や「自衛隊は問題が多い」など一方的な解釈によって組織の評価が決められてしまっているように思えます。

ただ、私の経験で言えば、陸自の内部は本当に泥臭く、人情味やユーモアに溢れた組織です。そして、私はメディアに出てこない「陸自の裏話」こそが、本当の陸自の魅力だと考えています。本書を読んだ皆様が、「ようやく自衛隊のことがわかった気がする！」と思ってくだされば、書いた甲斐があったと思います。

今後も皆様に知られざる自衛隊の魅力や、組織の面白さをお伝えできれば幸いです。

令和5年9月

ぱやぱやくん

【出典・参考資料】

●ぱやぱやくん〈元自衛官が震災時の「徒歩帰宅マニュアル」伝授！　何kmなら帰っていい？　必須アイテムは？〉、ダイヤモンドオンライン、2023年4月5日配信
●デーヴ・グロスマン著、安原和見訳『戦争における「人殺し」の心理学』ちくま学芸文庫、2004年
●パトリック・コバーン著、大沼安史訳『イラク占領――戦争と抵抗』緑風出版、2007年
●ジョージ・オーウェル著、小野寺健編「ナショナリズムについて」、『オーウェル評論集』（岩波文庫、1982年）所収
●伊藤桂一『兵隊たちの陸軍史』新潮選書、2019年
●平間洋一「大磯を訪ねて知った吉田茂の背骨」、『歴史通』（2011年7月号、ワック）所収

【著者略歴】
ぱやぱやくん
防衛大学校卒の元陸上自衛官。退職後は会社員を経て、現在はエッセイストとして活躍中。名前の由来は、自衛隊時代に教官からよく言われた「お前らはいつもぱやぱやして！」という叱咤激励に由来する。

著書に『飯は食えるときに食っておく 寝れるときは寝る』（育鵬社）、『陸上自衛隊ますらお日記』『今日も小原台で叫んでいます 残されたジャングル、防衛大学校』（以上KADOKAWA）など。

公式X（旧Twitter）アカウント　@paya_paya_kun

「もう歩けない」からが始まり
自衛隊が教えてくれた「しんどい日常」を生きぬくコツ

発行日　2023年9月30日　初版第1刷発行

著　　者　ぱやぱやくん
発 行 者　小池英彦
発 行 所　株式会社 育鵬社
〒105-0023 東京都港区芝浦1-1-1 浜松町ビルディング
電話03-6368-8899（編集） https://www.ikuhosha.co.jp/
株式会社 扶桑社
〒105-8070 東京都港区芝浦1-1-1 浜松町ビルディング
電話03-6368-8891（郵便室）
発　　売　株式会社 扶桑社
〒105-8070 東京都港区芝浦1-1-1 浜松町ビルディング（電話番号は同上）
印刷・製本　サンケイ総合印刷株式会社

ISBN978-4-594-09606-9

本書のご感想を育鵬社宛にお手紙、Eメールでお寄せください。
Eメールアドレス　info@ikuhosha.co.jp

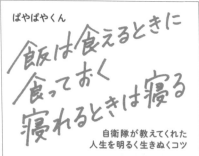

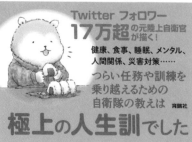